ENGENHARIA DE ANTENAS

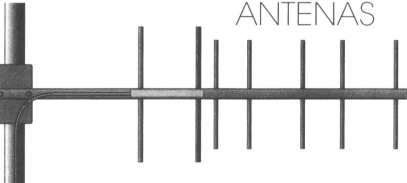

Blucher

LUIZ GONZAGA RIOS
Ex-Professor do Instituto Tecnológico de Aeronáutica
e da Escola de Engenharia Mauá

EDUARDO BARBOSA PERRI
Professor da Escola de Engenharia Mauá

ENGENHARIA DE ANTENAS

*2.ª edição
revista e
ampliada*

Engenharia de antenas
© 2002 Luiz Gonzaga Rios
        Eduardo Barbosa Perri
2ª edição – 2002
2ª reimpressão – 2014
Editora Edgard Blücher Ltda.

Blucher

Rua Pedroso Alvarenga, 1245, 4º andar
04531-012 – São Paulo – SP – Brasil
Tel 55 11 3078-5366
contato@blucher.com.br
www.blucher.com.br

É proibida a reprodução total ou parcial por quaisquer
meios, sem autorização escrita da Editora.

Todos os direitos reservados pela Editora
Edgard Blücher Ltda.

FICHA CATALOGRÁFICA

	Rios, Luiz Gonzaga
R453e	Engenharia de antenas / Luiz Gonzaga Rios; revisão e atualização Eduardo Barbosa Rios – São Paulo: Blucher, 2002.

Bibliografia.
ISBN 978-85-212-0303-2

1. Antenas (Eletrônica) I. Perri, Eduardo
Barbosa II. Título.

02-0119	17. CDD-621.38
	18. -621.380283

Índices para catálogo sistemático:
1. Antenas: Telecomunicações: Engenharia   621.38 (17.)
   621.380283 918.0

APRESENTAÇÃO

As antenas desempenham um papel preponderante nos sistemas de comunicação, pois é por intermédio delas que se faz a transferência de energia do transmissor para o meio de propagação ou, no caso oposto, deste meio para o receptor. Pode-se assim afirmar que o desempenho de um sistema de comunicação será tanto melhor quanto maior for a eficiência envolvida nesse processo de transferência de energia, e isto em última análise depende de um projeto adequado das antenas. Esta íntima relação entre o desempenho de um sistema e as antenas provocou, desta forma, um contínuo desenvolvimento no seu estudo e projeto, desde os primórdios da comunicação sem fio nos fins do século passado, até os tempos atuais quando o uso de computadores permite analisar praticamente qualquer tipo de estrutura irradiante por métodos numéricos.

Os Caps. I e II deste livro exploram o assunto de maneira ampla, definindo as características mais importantes das antenas tais como diagrama de irradiação e diretividade. O Cap. III trata do desbalanceamento de correntes, recordando os conceitos básicos da teoria de linhas de transmissão que são necessários ao bom entendimento da matéria, enquanto no Cap. IV aparece já o dipolo de meia onda com aplicações práticas. Os Caps. V e VI tratam da impedância das antenas e o Cap. VII caracteriza a antena como uma área, mostrando ao final a conhecida equação de propagação no espaço livre. A seguir, no Cap. VIII, são estudados os monopolos, inclusive as torres irradiantes. Os Caps. IX e X tratam das redes de antenas, mostrando as aplicações ao caso de redes de duas antenas e também às antenas Yagi-Uda. O Cap. XI aparece como seqüência natural abordando o emprego de superfícies refletoras; no Cap. XII é visto o dipolo dobrado e, finalmente, no Cap. XIII aparecem as antenas longas, e no Cap. XIV as antenas de abertura.

A maioria dos capítulos traz exemplos numéricos como parte do texto, além de exercícios resolvidos ao final, o que ajuda mais ainda a ilustrar a matéria.

PREFÁCIO À 1.ª EDIÇÃO

O professor Luiz Gonzaga Rios ensinou durante muitos anos no Instituto Tecnológico de Aeronáutica e na Escola de Engenharia Mauá até 1974, quando faleceu. Durante todo o tempo de sua vida profissional participou de importantes pesquisas e projetos na área de telecomunicações, mas sempre teve especial preferência pelo estudo das antenas. Dizia até que construí-las era o seu *hobby*. Tivemos nosso primeiro contato em 1970, durante seu curso de antenas na EEM, e menos de um ano depois eu começava a trabalhar no ITA sob a sua orientação. Foi para mim um período de grande aprendizado profissional e humano, pois conviver com ele era sempre uma experiência renovada. Muito atento às coisas que se passavam ao seu redor, tinha um espírito aguçadamente crítico. Profundamente religioso, pai extremado, era de fato uma figura respeitada por nós, jovens na época, que víamos nele uma personalidade que merecia ser admirada.

O material escrito produzido pelo saudoso professor Rios é muito grande. As imagens e lembranças por ele deixadas dentro de todos os que o conheceram levaram-me a compilar parte deste material, compondo este livro agora publicado, que compreende um curso básico de antenas em nível de engenharia e que mostra os conceitos clássicos e fundamentais do assunto com uma série de aplicações práticas, além de farto material — gráficos, ábacos e tabelas — para ser utilizado em projetos de alguns tipos de antenas. No seu linguajar simples, ele muitas vezes nos apresenta este assunto de forma acessível, sem a utilização obrigatória de recursos matemáticos completos ou avançados.

Desejo agradecer àqueles que tornaram possível esta publicação. Serão bem-vindos todos os comentários e sugestões dos leitores que são, afinal, a razão da existência desta obra.

São Paulo, outubro de 1981
Eduardo Barbosa Perri

PREFÁCIO À 2.ª EDIÇÃO

Passados quase vinte anos desde a primeira edição deste livro, é grande a satisfação de elaborar mais uma revisão e atualização para uma nova edição, que inclui alguns assuntos novos, como o capítulo inédito sobre antenas de abertura.

A satisfação é dupla: primeiro por ver uma obra como esta (uma das poucas publicadas em português) resistir ao tempo, principalmente quando consideramos o ritmo atual de desenvolvimento e disseminação da informação; depois, por constatar que os conceitos básicos apresentados também resistiram ao tempo, continuando valiosos para a formação dos novos profissionais.

O material aqui apresentado constitui um curso de antenas em nível de engenharia, podendo porém ser usado em cursos de outros níveis pela grande quantidade de curvas e tabelas incluídas, que são muito úteis para projetos. As palavras da primeira edição continuam válidas aqui: o professor Luiz Gonzaga Rios, no seu linguajar simples, nos apresenta o assunto de uma forma acessível, sem a utilização obrigatória de recursos matemáticos avançados, muitas vezes difíceis para alguns estudantes ou incompatíveis com alguns cursos.

São Paulo, janeiro de 2002
Eduardo B. Perri

CONTEÚDO

1 INTRODUÇÃO

1 Preliminares 1
2 Definições 2
3 Campos próximo e distante 3

2 CARACTERÍSTICAS FUNDAMENTAIS DAS ANTENAS

1 Diagrama de irradiação e diretividade 6
2 Alguns exemplos 11
   2.1 Fonte com diagrama hemisférico 11
   2.2 11
   2.3 12
   2.4 12
   2.5 13
3 Ganho 13
4 Diagramas de campo 15
5 Reciprocidade 19
6 Polarização 22

3 ADAPTAÇÃO DE ANTENAS — ALIMENTAÇÃO — BALUNS

1 Casamento de impedâncias 25
2 Introdução aos *baluns* 27
3 *Balun* de quarto de onda 29
   3.1 Introdução 29
   3.2 Utilização do trecho de quarto de onda em antenas 30
   3.3 Resultados de medidas 34
4 *Balun* transformador de meia onda 36
5 Coeficiente de onda estacionária e atenuação 38

4 DIPOLOS

1 Introdução 40
2 Resistência de irradiação do dipolo de meia onda 42
3 Resistência de irradiação do dipolo para alimentação
não-simétrica 49
   3.1 Variação da resistência de irradiação com a altura 50
4 Influência dos terminais do dipolo na resistência
de irradiação 53
   4.1 Reatância do dipolo de meia onda 53

5 Influência da geometria do condutor 54
6 Alimentação do dipolo 56
APÊNDICE I — Raios equivalentes de antenas
não-circulares 60

5 IMPEDÂNCIA DE ANTENAS

1 Introdução 67
2 Impedância de base 68
3 Impedância característica de antenas bicônicas
e cilíndricas 69
4 Impedâncias características de antenas de outros
formatos 72
5 Valores equivalentes de L_a, C_a, e Q, em termos de
Z_0 (média) 74
6 Impedância de entrada de antena 75
7 Impedância modificada 79
8 Impedância de entrada — método de Schelkunoff 80

6 IMPEDÂNCIA PRÓPRIA E IMPEDÂNCIA MÚTUA EM ANTENAS

1 Impedância mútua 86
1.1 Impedância mútua de duas antenas paralelas,
lado a lado 89
1.2 Impedância mútua de duas antenas colineares 92
1.3 Impedância mútua de duas antenas paralelas e
em escada 93
2 Impedância própria de uma antena fina 94

7 ANTENA COMO ÁREA

1 Área de uma antena 97
2 Área efetiva de uma antena 99
3 Área de retransmissão 100
4 Relação entre abertura efetiva, diretividade e ganho 102
5 Abertura efetiva máxima de um dipolo curto (hertziano) 102
6 Abertura efetiva máxima de um dipolo de meia onda 104
7 Fórmula de transmissão de Friis 105
8 Aspecto prático da fórmula de Friis 106
9 Exemplo de aplicação da fórmula de Friis 108
10 Introdução à noção de comprimento efetivo de antena ... 109
11 Relação entre h_{ef} e A_e 110
12 Definição mais rigorosa de comprimento efetivo 111
13 Relação entre h_{ef}, R_r e G 112

8 MONOPOLOS

1 Introdução 117
2 Monopolos para freqüências baixas 121
2.1 Antenas com cargas de topo 123
2.2 Eficiência da torre irradiante 126
2.3 Antenas muito curtas 128

2.4 Sintonia múltipla 129
2.5 Problema de aplicação.. 130
2.6 Antena com carga de topo 131
2.7 Considerações adicionais sobre antenas curtas 132
2.8 Antenas de radiofusão (freqüências médias) 132
2.9 Determinação da largura de faixa 134
APÊNDICE I — Equação da resistência de
irradiação 139
APÊNDICE II — Perdas na bobina de sintonia 140

9 REDES DE ANTENAS

1   Introdução 143
2   Rede linear e uniforme de fontes isotrópicas 143
2.1 Rede transversal (*broadside*) 146
2.2 Rede longitudinal (*endfire*) 146
2.3 Rede longitudinal com diretividade aumentada 146
2.4 Comparação entre rede transversal e rede
longitudinal 147
3   Redes de duas fontes isotrópicas 149
4   Redes de fontes não-isotrópicas — Princípio de
multiplicação de diagramas 150

10 REDES DE DIPOLOS DE MEIA ONDA

1   Introdução 154
2   Rede transversal de dois dipolos de meia onda 155
3   Rede longitudinal de dois dipolos de meia onda
espaçados de $\lambda/2$ 158
4   Exemplo de aplicação 159
5   Influência da altura de instalação das antenas 161
6   Redes com elementos parasitas 162
APÊNDICE I – Antena tipo Yagi-Uda......................... 167

11 ANTENAS COM REFLETORES PLANOS

1   Introdução 176
2   Refletor tipo diedro 181

12 DIPOLOS DOBRADOS

1   Análise de funcionamento 187
2   Antena plano-terra dobrada 192
3   Análise de Uda e Mushiake 193
4   Dipolos múltiplos 195

13 ANTENAS LONGAS

1   Análise de funcionamento 197
2   Resistência terminal 203
3   Ganho das antenas lineares longas 205
3.1 Antenas lineares simples (um só fio) 205
3.2 Antena tipo V 206
3.3 Antenas rômbicas 206

XIV

14 ANTENAS DE ABERTURA

1 Introdução 211
2 O princípio da equivalência 213
3 Exemplo de aplicação: linha coaxial aberta 214
4 Radiação de uma onda plana sobre abertura num anteparo absorvente 215
5 Cornetas 216
   5.1 Corneta setoral plano H 217
   5.2 Corneta setoral plano E 219
   5.3 Corneta piramidal 221
6 Aberturas circulares 221
7 Aberturas circulares com variação gradual de amplitude 223
8 Diretividade da abertura 224
9 Antenas com refletores 226
   9.1 Refletor parabólico de ponto focal 226
   9.2 Sistemas Cassegrain 229
   9.3 Ganho de antenas com refletor 230
   9.4 Outros tipos de antenas com refletores 233

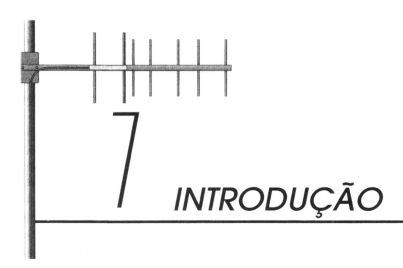

INTRODUÇÃO

1 Preliminares

O objetivo deste livro é falar sobre as antenas segundo o ponto de vista de sua aplicação. A antena é um dispositivo que é capaz de irradiar as ondas radioelétricas, possibilitando a comunicação entre dois pontos. Pode-se-ia dizer, também, que a antena é o dispositivo que assegura a transformação da energia eletromagnética guiada pelas linhas de transmissão em energia eletromagnética irradiada ou vice-versa.

Em qualquer dos dois aspectos, fica evidenciada a importância da antena num canal de comunicações, no qual ela ocupa o último lugar no lado da transmissão e o primeiro no lado da recepção. Sem ela não é possível a radiocomunicação. Assim, devido ao fato de o homem não poder se comunicar com o auxílio das ondas acústicas a grandes distâncias, devendo usar ondas de rádio, que exigem irradiadores convenientes, pelo menos por isso, é justificado o estudo das antenas.

Do ponto de vista da teoria eletromagnética, não se pode estabelecer distinção no estudo das antenas de baixas, médias ou elevadas freqüências. A teoria é uniforme e aplicável a todo espectro. No que diz respeito à prática, porém, os métodos de ataque e a resolução dos seus problemas dependem da freqüência, uma vez que esta influencia na geometria e nas limitações de ordem física que os projetos exigem. A precisão no dimensionamento das antenas é também função da freqüência, sendo tanto maior quanto mais elevada for a freqüência de operação.

Nos problemas comuns de aplicação, deve-se fazer valer o bom senso, o espírito prático e prevenido do engenheiro, para decidir sobre o método de abordagem dos problemas. Pode-se perguntar: "Quanto vamos precisar de conhecimentos teóricos?" Responderemos com Schelkunoff[1]: "Às vezes muito, às vezes pouco". Num apartamento de cidade, por exemplo, quando se quer uma antena particular para recepção de *broadcasting*, isto é um problema simples, mesmo que se trate da faixa que vai de 550 a 1.600 kHz. Sabe-se que, nesta faixa, a tensão desenvolvida na antena é mais ou menos proporcional ao seu comprimento. Considerações de ordem prática impõem, contudo, certas limitações, tais como local, altura e dimensão. De qualquer forma, é bem mais simples determinar o seu comprimento por via experimental do que pela teoria. Entretanto, na transmissão, na mesma faixa, há economia, por exemplo, em se fazer o cálculo cuidadoso, antes de se construir a antena, em geral uma torre irradiante. Talvez seja conveniente fazerem-se modelos da torre, antes de se atacar o projeto definitivo. A teoria é interessante para se planejar bons testes, boas experiências, e pode, igualmente, ser útil em desencorajar outros tipos de experiências.

A principal dificuldade na realização e experimentação reside no fato de que, nos planos traçados, isto é, no papel, as condições reais de medida e de operação não podem ser previstas nos seus mínimos detalhes. E isso, dependendo da freqüência, é um fator importante. Contudo, não há porque desanimar. A antena, qualquer que seja a freqüência de utilização, pode ser projetada, testada e posta em seu devido lugar, no canal de comunicações.

2 Definições

Quando nos referimos ao fato de a antena irradiar ou captar energia, sempre em ligação com uma linha de transmissão, antes de chegar ao receptor ou após sair do transmissor, estamos supondo que o problema da adaptação de impedância seja do conhecimento do engenheiro. É interessante que o intercâmbio de energia seja realizado com o maior aproveitamento possível, procurando efetuar o casamento da antena com linha de transmissão e desta com o receptor ou transmissor.

De acordo com o projeto, com a estrutura, enfim, com as características, uma antena pode funcionar numa faixa de freqüências extensas, caso em que ela é classificada como sendo **não-ressonante**, ou ainda numa faixa relativamente estreita, com uma freqüência preferencial de operação.

O **diagrama de irradiação** de uma antena mostra a maneira segundo a qual a energia irradiada se distribui no espaço. De posse do diagrama de irradiação da antena, usualmente considerado em seu aspecto tridimensional, pode-se deduzir a quantidade de energia recebida ou transmitida numa certa direção, numa distância preestabelecida.

Por definição, o **ganho de uma antena**, a menos de especificações em contrário, é sempre referido à direção em que a sua irradiação é máxima.

Assim, para a construção de uma antena, é necessário considerar, pelo menos:

a) a freqüência ou faixa de freqüências de utilização;

b) o diagrama de irradiação desejado;

c) o ganho exigido pelo projeto de comunicações;

d) a impedância requerida para que se obtenha casamento com a alimentação;

e) a polarização a ser empregada.

Além destes cinco fatores principais, há outros secundários que podem afetar o funcionamento da antena, dependendo da finalidade ou da freqüência de operação.

3 Campos próximo e distante

Para se compreender melhor a caracterização dos campos em torno de uma antena, deve-se tecer algumas considerações a respeito da irradiação, ou melhor do **mecanismo da irradiação**. Convém notar, porém, que o que se vai dizer carece de rigor, tal como é exigido pela teoria eletromagnética, servindo, no entanto, como um instrumento que visa facilitar a compreensão de um problema complexo. É possível criticar-se o que há de errado nessa explicação, mas não se pode obter outra melhor que a dos potenciais retardados, para alguns sem significado físico.

De uma analogia entre circuitos e campos, Schelkunoff demonstra que existem linhas de fluxo fechadas, em condutores não paralelos. Considerem-se dois condutores ligados a um gerador, tendo um interruptor no circuito que se liga e se desliga em breves intervalos de tempo. Produz-se, então, um distúrbio elétrico, que, em freqüência baixa, se traduz, por exemplo, no fato de acender uma lâmpada ou movimentar uma máquina. Ocorre que, uma vez desligado o interruptor, cessa o efeito que dele se esperava.

Em freqüência alta, porém, isto não se verifica, uma vez que, cessada a causa, tem prosseguimento o efeito, embora por uma tempo muito curto. A lâmpada se apaga e resta a lembrança da energia luminosa; a antena, ao ser desligada, deixa, no meio, um sinal que leva um certo tempo para se propagar até o receptor: a onda radioelétrica "viaja" pelo espaço.

A onda de rádio tem, portanto, uma existência real, tão real quanto a carga elétrica. Isto se justifica, já que, ao longo da antena, se formam linhas de campo elétrico e que, em torno dela, numa região bastante extensa, também existe uma distribuição de linhas de campo elétrico. Assim, a ação de liga-desliga, que o interruptor exerce no circuito corriqueiro, é representada pela corrente alternada, que se anula duas vezes por ciclo, fazendo com que o sentido das linhas de campo mude a intervalos dados e se anule. Acontece que a anulação dessas linhas só é completa na chamada região da antena. Longe dela isto não acontece. Algumas linhas não se anulam e se fecham, sendo "empurradas" pela distribuição seguinte que tem o sinal contrário. Se as linhas são fechadas não há uma propagação de cargas elétricas, mas tem-se a perfeita caracterização de uma onda eletromagnética. As cargas elétricas não são necessárias para existência do campo, mas o são para sua excitação.

Assim, o distúrbio que se propaga está associado com a distribuição de carga nos condutores.

Numa analogia ainda grosseira, pode-se-ia citar, ainda dentro do raciocínio do mesmo autor, o caso das ondas produzidas no meio de uma massa líquida devido à queda de uma pedra; depois de cessada a queda, depois que a pedra encontrou seu repouso no fundo do reservatório, continuam a existir as ondas produzidas pelo impacto. A pedra ou a queda não são necessárias à manutenção das ondas, mas foram indispensáveis na sua geração; cessou o efeito e a causa teve prosseguimento, por um certo tempo, que pode ser tão longo quanto se queira, em princípio. No caso de onda radioelétrica, o radar é um excelente exemplo de resposta a uma excitação dada num tempo anterior ao da resposta obtida.

Essas linhas de fluxo transportam alguma energia que chega até o terminal de comunicações. Essa viagem da energia é a **propagação** e essa energia é a energia **irradiada**.

Do que foi dito resulta a seguinte consideração: há dois tipos de distribuição de linhas de campo, conforme se está na região próxima da antena ou distante dela. As primeiras são aquelas que se extinguem quando a corrente sofre anulação num semiciclo; as outras são as que se fecham e se propagam, toda vez que a corrente passa pelo zero. O campo existente no primeiro caso é chamado **próximo**, ou campo **de indução** ou **de Fresnel**; no segundo caso é conhecido como campo **distante**, ou campo **de irradiação** ou **de Fraunhofer**. A distinção que se estabelece na prática e na teoria é o que campo elétrico na região distante varia com o inverso da distância, enquanto na região próxima isto não acontece.

A região de indução é utilizada em antenas, na construção de redes cujo funcionamento se baseia, exatamente, na influência que um certo condutor ativo exerce sobre outro, ativo ou não.

Em radiações, usa-se a região distante, daí a importância de se poder delimitá-la. Normalmente, recorre-se a expressões arbitrárias que nos permitem distinguir estas duas regiões. As duas expressões mais correntes são

$$R = \frac{2L^2}{\lambda} \qquad \text{ou} \qquad R = 10\lambda$$

onde R é o raio de separação entre as duas regiões, L a maior dimensão da antena e l o comprimento de onda que está sendo utilizado. Em qualquer caso, prevalece sempre o maior valor.

Não se pretende, com esta expressão, afirmar que, a partir de um certo valor fixo de R, começa o campo distante. O que se pretende é que isto seja uma primeira aproximação ou que R esteja dentro dos limites nessas regiões. No caso do dipolo de meia onda, por exemplo, encontra-se que o valor de R é, também, meia onda, o que não é verdadeiro para todas as freqüências.

Num laboratório é razoavelmente fácil se distinguirem as duas regiões, pela variação das componentes de campo, como será visto no próximo capítulo.

Bibliografia

1. Schelkunoff, S. A. e Friis , H. T., *Antenas Theory and Practice*, J. Wiley, New York, 1952.

2. Kraus, J. D., *Antenas*, McGraw-Hill, New York, 1950.

3. Thourel, L., *Les Antennes*, Dunod, Paris, 1971.

2 CARACTERÍSTICAS FUNDAMENTAIS DAS ANTENAS

1 Diagrama de irradiação e diretividade

A antena, sendo um dispositivo capaz de irradiar energia eletromagnética, deve ser conhecida a partir das condições em que essa irradiação se processa, isto é, a forma de distribuição, a eficiência, etc. No que diz respeito à forma de distribuição da energia em torno da antena, ou seja, o seu diagrama de irradiação[*], as medidas que forem levadas a efeito devem ser executadas a partir de uma certa distância mínima, de tal sorte que a antena seja de dimensões desprezíveis em face da distância, pelo menos numa relação de 10 para 1, uma vez que a região de interesse é distante. O diagrama tanto pode ser obtido pelo deslocamento de uma antena de prova em torno da antena sob testes, como pela rotação desta em torno de seu eixo, sempre que isto for possível.

A irradiação da energia por uma antena, quanto à forma e à intensidade em cada ponto, é uma característica dessa antena. Para que se proceda a uma comparação entre os campos produzidos por duas ou mais antenas, é necessário que, além das considerações que dizem respeito às antenas propriamente, seja efetuado um levantamento de campo a uma distância fixa e igual para todas elas.

São três as recomendações mínimas que se deve ter em mente, ao proceder-se o levantamento de diagrama de irradiação:

1) com uma antena de prova, descrevemos um círculo em torno da antena sob teste (Fig. 2.1);

---

[*] Todas as características aqui abordadas são as mesmas para antenas receptoras, como conseqüência da reciprocidade.

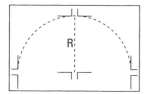

Figura 2.1 Medida de diagrama de irradiação.

2) em cada ponto do círculo, ou a certos intervalos regulares, detectamos o campo mais intenso, isto é, orienta-se a antena de prova de modo a termos o maior sinal;

3) em cada ponto de medida, anotamos o valor do campo, seja em valor absoluto, seja em valor relativo ao seu máximo.

Numa experiência dessa natureza, a configuração do campo produzido pela antena no espaço circundante dá o que se chama o diagrama de irradiação de campo da antena. Contudo, esse diagrama pode ser referido à potência, e isso dependerá da lei de detecção do dispositivo de prova. Por causa disso, os diagramas levantados devem trazer a especificação se se trata de campo ou de potência.

Além disso, como a caracterização da distribuição de energia deve ser levada em conta em todo espaço, é necessário que se saiba se o diagrama focalizado é de plano vertical ou horizontal. Realmente, a caracterização espacial do diagrama de irradiação é satisfeita pelo levantamento que se procede nesses dois planos (horizontal e vertical), uma vez que as condições da simetria usualmente existentes na fonte irradiante garantem uma certa uniformidade na distribuição da energia nos demais ângulos. Entretanto, esse levantamento, sempre que possível, deverá abranger os 360° é só em casos excepcionais, poderá ser limitado a 180°. Será sempre conveniente que no desenho do diagrama seja indicada a posição relativa da antena sob teste.

A Fig. 2.2 mostra um diagrama de irradiação típico em representação polar no plano, normalizado em relação ao máximo de irradiação (direção z). Há um lóbulo principal de irradiação e outros lóbulos secundários ou laterais.

Um exame superficial da Fig. 2.2 mostra que, se os lóbulos secundários forem suficientemente pequenos (de pequena amplitude), a quase totalidade da potência estará contida entre as direções

Figura 2.2 Diagrama de irradiação (de potência) na forma polar. θ_3 = ângulo de meia potência

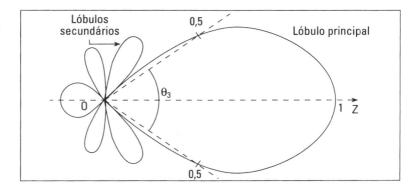

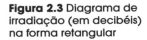

Figura 2.3 Diagrama de irradiação (em decibéis) na forma retangular

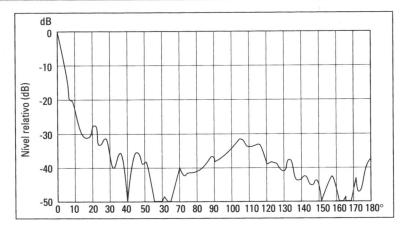

correspondentes à irradiação a meia potência. Por essa razão, o ângulo θ_3, relativos a tais direções (ângulo entre as direções nas quais a irradiação da antena é diminuída de 3 dB), é chamado **ângulo de meia potência** ou **abertura de feixe**[*].

Para certos tipos de antenas em que ângulo de meia potência é muito pequeno, o traçado do diagrama de irradiação em forma polar não oferece a precisão exigida, sendo, nesses casos, utilizada a representação retangular com os ângulos nas abscissas. A Fig. 2.3 mostra um exemplo típico (antena de radar), com a escala vertical graduada em decibéis.

Todas as considerações anteriores para diagramas de irradiação são também válidas em termos de campo. É conveniente lembrar, entretanto, que, num diagrama de irradiação de campo com valor máximo unitário, a amplitude correspondente à meia potência vale aproximadamente 0,7.

Define-se, também, o **diagrama de fase da antena** como a representação espacial da variação de fase do campo irradiado.

Voltando ao raciocínio desenvolvido há pouco, vamos considerar uma antena irradiando uma potência total W, situada no centro de uma superfície esférica, cujo raio r é muito maior que qualquer dimensão da antena, de modo que essa possa ser considerada como concentrada em um único ponto. Seja ainda P o valor médio da densidade de potência provocada pela antena à distância r. Se para uma segunda antena, nas mesmas condições, a den-

---

[*] A relação entre duas potências quaisquer W_1 e W_2 é dada, em decibéis (dB), por $10 \log \frac{W_1}{W_2}$. O mesmo pode ser aplicado para densidades de potência $\left(10 \log \frac{P_1}{P_2}\right)$, ou ainda, para campos no mesmo meio, $\left(10 \log \frac{E_1^2}{E_2^2}\right)$.

sidade vale P_r, definimos a **diretividade** da primeira antena em relação à segunda, como

$$D = \frac{P}{P_r}. \tag{2.1}$$

A diretividade é obviamente uma função de ponto, já que a densidade de potência também o é, e mede a capacidade que uma antena tem de concentrar energia numa determinada região do espaço. Em outras palavras, quanto menor o ângulo de meia potência, e, portanto, mais "estreito" o lóbulo principal, maior a diretividade da antena na direção de máxima irradiação. É usual adotar-se, como referência, uma antena hipotética que irradia uniformemente em todas as direções do espaço, chamada **antena isotrópica**. Chamando para este caso $P_r = P_0$, a diretividade fica

$$D = \frac{P}{P_0}. \tag{2.2}$$

A potência total irradiada por uma antena é dada pela integral de densidade de potência sobre uma superfície esférica S:

$$W = \oint_S P dS. \tag{2.3}$$

Para a antena isotrópica, resulta

$$W = 4\pi r^2 P_0, \tag{2.4}$$

de maneira que a diretividade é dada por

$$D = \frac{4\pi r^2 P}{W} = \frac{4\pi r^2 P}{\oint_S P dS}.$$

Considerando, finalmente, que em coordenadas esféricas (ver Fig. 2.4) tem-se $dS = r^2 \mathrm{sen}\,\theta\, d\theta d\phi$, resulta

$$D = \frac{4\pi P}{\oint_S P \,\mathrm{sen}\,\theta\, d\theta\, d\phi} = \frac{4\pi P}{\oint_S P d\Omega}, \tag{2.5}$$

onde $d\Omega$ = elemento de ângulo sólido.

Porém, sendo a densidade P uma função de ponto, podemos escrevê-la da seguinte forma:

$$P = P_{max} p\,(\theta, \phi), \tag{2.6}$$

sendo P_{max} o valor máximo e $p(\theta, \phi)$ sua variação no espaço, que assumirá valor máximo igual à unidade (p é o diagrama normalizado).

Levando, então, (2.6) em (2.5), resulta

$$D = \frac{4\pi p(\theta,\phi)}{\oint_S p(\theta,\phi)d\Omega}. \qquad (2.7)$$

cujo valor máximo[*] é certamente:

$$D_{max} = \frac{4\pi}{\oint_S p(\theta,\phi)d\Omega}. \qquad (2.8)$$

Para o caso particular de uma antena cujo diagrama de irradiação é constante num cone que encerra um ângulo sólido Ω, e nulo nas outras regiões do espaço ("diagrama cone"), resulta

$$D_{max} = \frac{4\pi}{\int_\Omega d\Omega} = \frac{4\pi}{\Omega}. \qquad (2.9)$$

A expressão 2.9 costuma ser utilizada para uma estimativa da diretividade de antenas com feixe muito estreito e com baixo nível de lóbulos secundários, escrevendo o ângulo sólido Ω como o produto dos ângulos de meia potência nos dois planos principais:

$$D \cong \frac{4\pi}{\theta_3 \phi_3}. \qquad (2.10)$$

Com os ângulos em graus, resulta

$$D \cong \frac{41253}{\theta_3 \phi_3}. \qquad (2.11)$$

A diretividade pode, também, ser expressa em termos de **intensidade de irradiação** (U), que é definida como potência por unidade de ângulo sólido. Observemos que U e P são numericamente iguais, quando r é igual à unidade, porém, enquanto P se

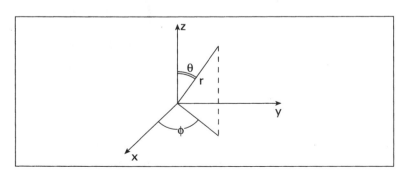

Figura 2.4 Coordenadas esféricas

---

* Por simplicidade, chamaremos a esse valor diretividade.

expressa em watts por metro quadrado, por exemplo, a unidade que mede U é watts por radianos quadrados, ou watts por graus quadrados.

Desta forma, teríamos

$$D = \frac{U}{U_r} \tag{2.12}$$

e
$$U = Pr^2 \tag{2.13}$$

Então resulta, por procedimento análogo ao anteriormente desenvolvido,

$$D_{\max} = \frac{4\pi}{\oint u(\theta,\phi)\, d\Omega}, \tag{2.14}$$

sendo

$$U = U_{\max} u(\theta,\phi). \tag{2.15}$$

O **ganho** de uma antena difere da diretividade por um fator que leva em conta a eficiência da antena e será abordado adiante.

Deve-se notar que, para se definir a diretividade, exigiu-se que as potências em consideração, na fonte sob estudo e na isotrópica (referência), sejam as mesmas. Para maior clareza: a diretividade opera com potências irradiadas, sem se importar com a potência fornecida pelo gerador à fonte.

2 Alguns exemplos

2.1 Fonte com diagrama hemisférico

Por simples analogia com a fonte isotrópica, vemos que uma tal fonte possui um valor máximo de intensidade de irradiação que é duas vezes o valor de U_o da fonte isotrópica. Realmente, supondo que toda energia, antes irradiada pela fonte isotrópica, agora está concentrada num semi-espaço, é claro que a intensidade é o dobro. Então a diretividade desta fonte, em relação à fonte isotrópica, é igual a 2.

2.2

Se a nossa fonte tivesse um diagrama que pudesse ser expresso pela função:

$U = U_m \cos\theta$ e o caso fosse unidimensional, isto é, a distribuição de energia só seria constatada num semi-espaço, a sua diretividade seria fácil de se calcular.

Neste caso, o ângulo θ variaria entre zero e $\pi/2$, ao passo que o ângulo ϕ estaria variando desde zero até 2π. A intensidade de irradiação passaria por um máximo para $\theta = 0$ e a potência total irradiada seria

$$W = \int_0^{2\pi} \int_0^{\pi/2} U_m \cos\theta \, \text{sen}\theta \, d\theta \, d\phi,$$

ou $\qquad W = \pi U_m.$

Uma vez que a potência irradiada pela fonte isotrópica é $4\pi U_C$ e seria igual à irradiada por esta nova fonte, a diretividade desta em relação à isotrópica será

$$\pi U_m = 4\pi U_0,$$

$$D = \frac{U_m}{U_0} = 4.$$

Isto mostra que a máxima intensidade de irradiação encontrada para esta fonte unidirecional é quatro vezes maior que a da isotrópica.

2.3

Se considerássemos, agora, a mesma fonte que a do exemplo anterior, com a condição de ser bidirecional (θ variando de zero a π), veríamos que a diretividade cairia para a metade do valor anterior, ou seja, seria 2.

2.4

Imaginemos uma fonte irradiante, cujo diagrama variasse segundo $\text{sen}^2\theta$. A sua intensidade, num ponto qualquer, seria dada por

$$U = U_m \, \text{sen}^2\theta;$$

então, sendo o diagrama bidirecional, a potência irradiada seria

$$W = U_m \int_0^{2\pi} \int_0^{\pi} \text{sen}^3\theta \, d\theta \, d\phi$$

ou $\qquad W = \dfrac{8\pi U_m}{3}.$

Comparando-se esse valor com a fonte isotrópica que irradiasse a mesma potência, veríamos que

$$D = \frac{U_m}{U_0} = \frac{3}{2} = 1,5.$$

2.5

No caso de a fonte irradiante ter um diagrama unidirecional e se desenvolver segundo a lei $U = U_m \, cos^2 \, \theta$, vamos encontrar

$$W = U_m \int_0^{2\pi} \int_0^{\pi/2} cos^2 \, \theta \, sen\theta \, d\theta \, d\phi$$

ou $\quad W = \dfrac{2\pi U_m}{3}.$

Isto daria

$$D = U_m / U_0 = 6.$$

Em geral, os diagramas das fontes irradiantes reais não seguem uma lei muito conhecida, o que dificulta o problema do cálculo da potência. Contudo, ou se descobre uma função que mais se aproxima do diagrama levantado e que seja integrável, ou processa-se uma integração gráfica com a precisão satisfatória.

No caso de termos antenas com diagramas unidirecionais, é possível fazer-se uma estimativa do valor de D, pelos ângulos de meia potência[*]. Contudo, este processo oferece tanto mais erro, quanto menos diretiva for a antena, ou quanto mais lobulado for o seu diagrama. Só para efeito de comparação, naquela fonte do nosso exemplo 2.2 (função de $cos \, \theta$ e unidirecional), encontramos um valor de 4 para D. Pelo processo aproximado dos ângulos de meia potência, teríamos $D = 2,87$, ou seja, um erro de 35%. Uma outra fórmula aproximada para o cálculo da diretividade pode ser encontrada na referência (6).

3 Ganho

A definição de diretividade é baseada inteiramente na forma da distribuição de potência da fonte. Até aqui não se mencionou o rendimento da antena como fonte irradiante. Vamos ver agora uma nova quantidade que envolve a potência fornecida à antena e sua eficiência, coisas de maior interesse para a engenharia. Em linhas gerais, podemos dizer que o **ganho de uma antena** é a expressão de quanto uma antena é melhor que uma outra. Isto é, na hora de empregarmos a antena, num canal de comunicações, em última análise, vamos ter que escolher a antena que mais se presta ao serviço, por entregar mais potência ao meio, por entregar maior quantidade de energia irradiada.

---

[*] $D = 41253/\theta_3\phi_3$, sendo θ_3 e ϕ_3 os ângulos de meia potência (em graus) nos dois planos principais.

É comum adotar-se uma antena como padrão e definir-se todas as demais em relação a este padrão. Além disso, o padrão deve ser fácil de ser construído. Dessa forma, todas as antenas estando referidas a uma única possibilitam uma escolha. Isto tem ainda a vantagem de permitir comparações entre antenas que funcionam em diferentes freqüências, se isso for desejado (diversidade de freqüências).

Por uma questão de correspondência, começamos por fazer uso da fonte isotrópica para definir o ganho. Como essa fonte distribui energia uniformemente, dizem que ela apresenta ganho unitário (0 dB), pois ela não apresenta direção preferencial de irradiação. A nova definição seria assim enunciada:

$$\text{Ganho} = \frac{\textit{Máxima intensidade de irradiação da antena em estudo}}{\textit{Máxima intensidade de irradiação de uma antena de referência, com a mesma potência de entrada}}.$$

Pelo fato de a fonte isotrópica ser irrealizável, somos forçados a recorrer a outro tipo de antena para adotar como referência. A escolha recaiu sobre o dipolo, como poderia ser qualquer outro tipo (em microondas é usual adotar-se uma pequena cometa como referência). Na indicação do ganho de uma antena, devemos sempre indicar qual foi a antena adotada como referência.

O ganho se relaciona com a diretividade pelo fator k, sempre menor que a unidade, mas sendo próximo de 1 em freqüências altas.

$$G = kD. \tag{2.16}$$

Preferimos relacionar o ganho com todas as grandezas envolvidas no processo de irradiação, como eficiência de irradiação, perdas ôhmicas, casamento, etc. É o que se poderia chamar de **ganho operacional**, querendo dizer que é o ganho da antena integrada no sistema de comunicações. As limitações todas que fazem o ganho ser menor que a diretividade são representadas pelo fator k.

O ganho, tal como a diretividade, pode ser expresso em decibéis. A constante k compreende todas as perdas que estão em jogo numa antena, descasamento, perdas ôhmicas, desbalanceamento, etc.

Ao medir o ganho de uma antena, tal como foi dito para o diagrama, deve-se ter cuidado para se saber se estamos trabalhando com **campos** ou com **potências**.

4 Diagramas de campo

As expressões do campo irradiado por um dipolo curto colocado no sistema de eixos indicado na Fig. 2.5 e excitado por uma corrente senoidal de valor máximo I, suposta uniforme ao longo do dipolo, são*:

$$E_r = -\eta \frac{IL \cos\theta}{\lambda}\left[\frac{1}{4\pi^2}\frac{\lambda^2}{r^3} + j\frac{1}{2\pi}\frac{\lambda}{r^2}\right]e^{-j\beta r}, \qquad (2.17)$$

$$E_\theta = \eta \frac{IL \operatorname{sen}\theta}{2\lambda}\left[-\frac{1}{4\pi^2}\frac{\lambda^2}{r^3} - j\frac{1}{2\pi}\frac{\lambda}{r^2} + \frac{1}{r}\right]e^{-j\beta r}, \quad (2.18)$$

$$E_\phi = 0, \qquad (2.19)$$

$$H_r = 0, \qquad (2.20)$$

$$H_\theta = 0, \qquad (2.21)$$

$$H_\phi = \frac{IL \operatorname{sen}\theta}{2\lambda}\left[-j\frac{1}{2\pi}\frac{\lambda}{r^2} + \frac{1}{r}\right]e^{-j\beta r}, \qquad (2.22)$$

sendo η a impedância intrínseca do meio; $\eta = \sqrt{\mu/\varepsilon}$.

Observa-se que, com o aumento da distância r da fonte, os termos que variam inversamente com o quadrado e com o cubo

Figura 2.5

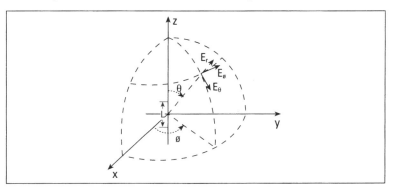

---

* Os campos e correntes aqui tratados variam senoidalmente no tempo e são expressos segundo a representação complexa. Assim, uma função escalar $u(t) = U \cos(wt + \phi)$ é representada por $u = Ue^{j\phi}$, de forma que a função original é determinada multiplicando-se a complexa por e^{jwt} e tomando-se a parte real do resultado:

$$u(t) = Re(u\, e^{jwt}) = U \cos(wt + \phi)$$

Para quantidades vetoriais, usa-se o mesmo tratamento, sendo as componentes de um *vetor complexo* iguais às quantidades complexas associadas às componentes do vetor original.

de r tornam-se rapidamente desprezíveis, em relação aos termos que variam simplesmente com o inverso da distância (ver Fig. 2.6). Desta forma, a componente E_r torna-se desprezível e as expressões de E_θ e H_ϕ se simplificam bastante, reduzindo-se às seguintes

$$E_\theta = \eta \frac{IL\,\text{sen}\,\theta}{2\lambda r} e^{-j\beta r}, \tag{2.23}$$

$$H_\phi = \frac{IL\,\text{sen}\,\theta}{2\lambda r} e^{-j\beta r}. \tag{2.24}$$

então

$$E_\theta = \eta H_\phi. \tag{2.25}$$

Conclui-se que o vetor de Poynting, responsável pelo fluxo de potência, só poderá ter componente radial, P_r, uma vez que será o produto de E_θ por H_ϕ. Assim, temos mais uma maneira de caracterização do campo distante, desta feita por via experimental, que é a de constatar apenas a existência de uma componente do campo magnético, naturalmente que para as fontes polarizadas linearmente.

No caso de se recorrer a outras polarizações, o campo elétrico e o magnético apresentarão outras componentes (E_θ, H_ϕ), sem contudo tirarem a característica de que o vetor de Poynting seja radial. Neste caso, o campo elétrico resultante de soma vetorial das componentes E_θ e E_ϕ é que seria usado para calcular a densidade de potência. Teríamos, dessa forma:

$$P_r = \frac{1}{2} \frac{E^2}{\eta}, \tag{2.26}$$

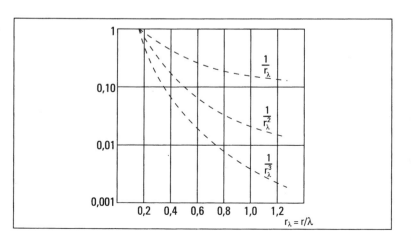

Figura 2.6
Ilustração da variação de $1/r_\lambda$, $1/r^2_\lambda$, $1/r^3_\lambda$. Observe-se como, já a partir de um comprimento de onda distante da fonte, estas funções se distanciam. Caso se considera que, nas equações (2.17) a (2.22), elas entram como multiplicadores, tem-se a demonstração da validade do critério na identificação dos campos

onde

$$E = \sqrt{E_\theta^2 + E_\phi^2}\,,$$

$E = $ campo elétrico total,

$E_\theta = $ amplitude da componente θ,

$E\phi = $ amplitude da componente ϕ.

Um diagrama de irradiação que mostre a variação da intensidade de campo num raio constante r, em função dos ângulos θ e ϕ, é chamado **diagrama de campo**. Pode acontecer que o instrumento utilizado no levantamento do diagrama faça medidas absolutas, em volts por metro, por exemplo. Neste caso, o diagrama obtido será chamado **absoluto**. Como isto nem sempre é possível, o mais comum é fazer-se uma medida comparativa (valor num ponto em relação a outro), quando podemos chegar ao diagrama de campo **relativo**, que é o mais comum. A obtenção do diagrama de campo relativo é feita adotando-se como referência o valor máximo do campo ao longo da variação dos ângulos. Isto significa que o diagrama de campo da antena foi **normalizado** em relação ao valor máximo da intensidade de campo que ela produz. Assim, um valor qualquer seria dado por

$$\frac{E}{E_{max}},$$

em termos do campo resultante.

As componentes do vetor campo elétrico, além da variação prevista com o inverso da distância, poderão variar também com os ângulos θ e ϕ. Seria o caso mais geral de imaginar. Contudo, devido ao fato de não se conhecerem corretamente as equações de irradiação de qualquer antena, nem sempre se pode achar a lei dessa variação. Nesse caso, ela terá que ser descoberta pelo levantamento do diagrama. Então, no caso geral, têm-se para uma distância fixa r:

$$E_\theta = f_\theta\,(\theta,\,\phi), \tag{2.27}$$

$$E_\phi = f_\phi\,(\theta,\,\phi). \tag{2.28}$$

A equação (2.26) dá o valor de P_r num ponto qualquer. O seu valor máximo será, naturalmente,

E, como ficou visto que $r^2 P_{r_{max}} = U_{max}$, resultará, para diagrama de potência normalizado,

$$\frac{P_r}{P_{r_{max}}} = \frac{U}{U_{max}} = \left(\frac{E}{E_{max}}\right)^2. \tag{2.29}$$

Uma outra caracterização do campo distante é a que pode ser feita a partir das equações de campo de [(2.17) a (2.22)] estudando-se a variação com a distância. Várias medidas deverão ser feitas em distâncias marcadas previamente. Caso a intensidade de campo varie com o inverso do quadrado de *r*, certamente estaremos na região de campo próximo. Se a variação for apenas com o inverso de r, estaremos já no campo distante. É uma verificação experimental de uma verdade demonstrada teoricamente e, portanto, não deve esperar que os resultados sejam absolutamente precisos, mas o grau de aproximação dependerá muito dos cuidados que se venham a tomar. A Fig. 2.6 ilustra essa variação.

Vejamos agora um exemplo dado por Kraus. Considere-se o caso de uma antena que só apresenta a componente E_ϕ no plano equatorial, sendo nula a componente E_θ, neste plano. Suponha-se que o diagrama relativo (neste plano equatorial) da componente E_ϕ, ou seja, E_θ em função de ϕ, para $\theta = 90°$, seja dado por

$$\frac{E_\phi}{E_{\phi_{max}}} = \cos\phi.$$

Este diagrama está ilustrado na Fig. 2.7

O comprimento do raio vetor no diagrama é proporcional a E_ϕ. O diagrama de potência relativo, no mesmo plano equatorial, seria igual ao quadrado do diagrama de campo relativo, ou seja:

$$\frac{P_r}{P_{r_{max}}} = \frac{U}{U_{max}} = \left(\frac{E_\phi}{E_{\phi_{max}}}\right)^2 = \cos^2\phi.$$

Este diagrama também está representado na Fig. 2.7. Particularmente tais diagramas são os que poderiam ser obtidos por pequenos dipolos cujos eixos estivessem coincidindo com os eixos dos *Y*.

Figura 2.7

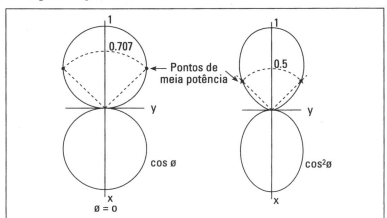

Desta forma, poderíamos desenvolver outros exemplos, todos repisando o mesmo fato de que o diagrama de potência pode ser obtido a partir do diagrama de campo.

Cremos que isto não é essencial.

5 Reciprocidade

Uma antena típica consiste numa estrutura feita de metal e dielétrico, ligada em um ponto a um par de terminais onde usualmente será conectado um gerador (no sentido convencional), se se tratar de antena transmissora, ou será conectado um circuito receptor, em caso contrário. Raciocinando em termos de gerador, vê-se que ele é a fonte real do campo, no sentido que, quando for desligado, seu efeito cessará. O campo eletromagnético estabelecido em função do gerador atende: (1) às equações de Maxwell, com relação ao gerador; (2) às condições de contorno na antena; (3) às condições de contorno no infinito, se a antena estiver imersa num meio ilimitado.

Isto posto, vamos considerar duas antenas colocadas num meio linear, homogêneo, isotrópico e sem fontes. Podemos definir, então, um quadripolo passivo, no qual os acessos são os terminais das duas antenas e no qual poderemos conectar geradores ou receptores. Levando em conta as representações de tensão e corrente da Fig. 2.8, podemos escrever as equações seguintes, sem considerar inicialmente o conteúdo do quadripolo:

$$V_1 = Z_{11}I_1 + Z_{12}I_2,$$
$$V_2 = Z_{21}I_1 + Z_{22}I_2. \quad (2.30)$$

O coeficiente Z_{11} é a impedância de entrada em AB quando os terminais CD estão em aberto ($I_2 = 0$); da mesma maneira Z_{22} é a impedância de entrada em CD, quando os terminais AB estão em aberto. As quantidades Z_{12} e Z_{21} são impedâncias de transferência do quadripolo, que, devido às propriedades bilaterais dos seus componentes, satisfazem à relação de reciprocidade:

$$Z_{12} = Z_{21}. \quad (2.31)$$

Figura 2.8

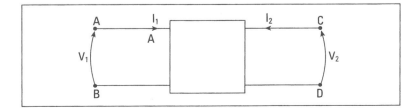

Consideremos, agora, as situações da Fig. 2.9, onde I_1 e I_2 são as correntes nos terminais, quando um gerador de fem V_G é aplicado em AB através da impedância Z_T, para alimentar uma carga Z_L nos terminais CD; I_1' e I_2' são as correntes nos terminais, quando um gerador de fem V_G' é aplicado aos terminais CD através de uma impedância Z_L, para alimentar uma carga Z_T, através de AB. Assumindo que o gerador tem sempre impedância interna nula, o **teorema da reciprocidade** afirma que

$$V_G I_1' = V_G' I_2. \tag{2.32}$$

Utilizando as equações (2.30), determinamos para o caso (a) da Fig. 2.9:

$$I_2 = \frac{-Z_{21}V_G}{(Z_{11} + Z_T)(Z_{22} + Z_L) + Z_{12}Z_{21}}.$$

Para o caso (b), da Fig. 2.9, lembrando que a entrada e a saída estão trocadas, vem

$$I_1' = \frac{-Z_{12}V_G'}{(Z_{11} + Z_T)(Z_{22} + Z_L) + Z_{12}Z_{21}}.$$

Multiplicando-se a primeira [caso (a)] por V_G' e a segunda [caso (b)] por V_G, verifica-se que o teorema (2.32) é válido se $Z_{12} = Z_{21}$. Caso contrário, se um quadripolo for linear no sentido das equações (2.30) e se o teorema da reciprocidade for válido para o mesmo quadripolo, então as impedâncias de transferência satisfazem à relação da reciprocidade (2.31).

Voltando, agora, às antenas cujos terminais são os acessos do quadripolo, vamos considerar (Fig. 2.10) que a antena A está transmitindo e que a antena B será usada para medir o diagrama de irradiação **de transmissão** de A, o que será feito movendo-se B sobre a esfera de raio muito grande ao redor de A e anotando-se a potência absorvida pela carga de B. Da mesma maneira, o diagrama de irradiação **de recepção** de A é obtido, medindo-se a potência absorvida pela carga de A, quando B está transmitindo de sucessivos pontos diferentes da esfera.

Para cada posição de B, há um quadripolo equivalente entre O e O'. No caso da antena A transmitindo, se Z_L for a impedância de carga em O', as equações do quadripolo resultam

$$-I_2 Z_L = V_2 = Z_{21}I_1 + Z_{22}I_2$$

ou $\qquad I_2 = -\dfrac{Z_{21}}{Z_{22} + Z_L}I_1.$

Figura 2.9

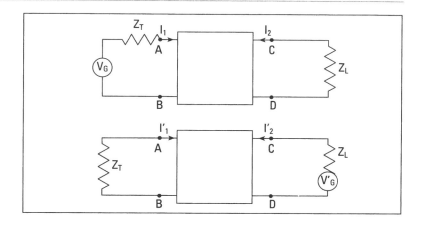

Figura 2.10
Medida do diagrama de irradiação da antena A

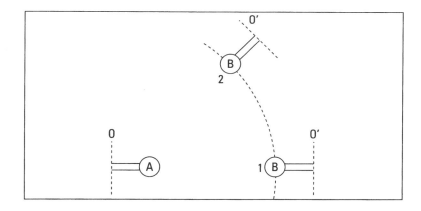

A potência absorvida na carga será

$$W_a = \frac{1}{2}|I_2|^2 \operatorname{Re}(Z_L) = \frac{1}{2}|I_1|^2 \left|\frac{Z_{21}}{Z_{22}+Z_L}\right|^2 \operatorname{Re}(Z_L).$$

Sendo grande a distância OO', a influência da posição da antena B na corrente I_1 pode ser desprezada. Então, para duas posições sucessivas de B, a relação entre as potências absorvidas será dada por

$$\frac{W_{a_1}}{W_{a_2}} = \frac{|Z_{12}|_1^2}{|Z_{12}|_2^2}, \tag{2.33}$$

pois

$$Z_{12} = Z_{21}.$$

Considerando, agora, que a antena B está transmitindo e que a potência está sendo medida numa carga fixa ligada à antena A no ponto O, teremos

$$W_a = \frac{1}{2}|I_1|^2 \operatorname{Re}(Z_T) = \frac{1}{2}|I_2|^2 \left|\frac{Z_{12}}{Z_{11} + Z_T}\right|^2 \operatorname{Re}(Z_T).$$

Em duas posições sucessivas de B, a relação entre as potências absorvidas resulta na equação (2.33), donde pode-se concluir que se as impedâncias de transferência obedecem à relação de reciprocidade, então os diagramas de irradiação (de uma determinada antena) **na transmissão** e **na recepção são idênticos**.

6 Polarização

A polarização de uma antena é definida pela posição da antena em relação à terra, ou melhor, pela posição do vetor campo elétrico. Então se o campo elétrico estiver na horizontal, dir-se-á que o campo é polarizado horizontalmente.

A conveniência do uso de um ou outro tipo de polarização pode ser importante para o funcionamento das antenas, como ocorre nas instalações domésticas de televisão (entre nós com polarização horizontal, sem problemas sérios de instalação. Em certos lugares se faz uso da polarização vertical, o que aumenta as exigências de instalação).

No mesmo caso dos monopolos de quarto de onda, que são antenas de polarização exclusivamente vertical, é necessário que se dê ao plano de terra as dimensões ou formas apropriadas para que o diagrama de campo saia conforme as necessidades.

Polarização linear, circular e elítica podem ser usadas propositadamente ou podem ser conseqüência do tipo de antena ou propagação. Ainda aqui a matéria está mais afeta ao caso de propagação, de modo que deixaremos para tratar no momento apropriado.

É importante assinalar, repetindo, que é o campo elétrico que nos determina o tipo de polarização em uso.

Sobre modificações sofridas pelo diagrama, veja-se o Cap. VII, em que se ilustra o fato com figuras.

EXERCÍCIOS RESOLVIDOS

1. Calcular as diretividades das fontes unidirecionais que apresentam os seguintes valores de intensidade de irradiação:

    a) $U = \operatorname{sen} \theta \operatorname{sen}^2\phi$

    b) $U = 5 \operatorname{sen}^2 \theta \operatorname{sen}^3\phi$

Características fundamentais das antenas

Solução Da expressão (2.14), para ambos os casos, resulta,

$$D = \frac{4\pi}{\int_0^\pi \int_0^\pi f(\theta,\phi)\, \mathrm{sen}\theta\, d\theta\, d\phi}.$$

Então temos

a) $$D = \frac{4\pi}{\int_0^\pi \int_0^\pi \mathrm{sen}^2\theta\, \mathrm{sen}^2\phi\, d\theta\, d\phi} = 5,1;$$

b) $$D = \frac{4\pi}{\int_0^\pi \int_0^\pi \mathrm{sen}^3\theta\, \mathrm{sen}^3\phi\, d\theta\, d\phi} = 7,1.$$

2. Seja uma antena que provoca, na região distante, uma intensidade de campo elétrico plano $\hat{\phi} \cos \phi + \hat{\theta} \, \mathrm{sen}\, \phi$ $(\theta = 90°)$. Qual é o seu diagrama de irradiação neste plano?

Solução O diagrama de campo é dado pela intensidade do campo elétrico:

$$E = +\sqrt{\cos^2 \phi + \mathrm{sen}^2\phi} = 1.$$

Portanto, o diagrama de irradiação é um círculo.

3. Sabendo-se que a radiação solar (energia térmica), na superfície terrestre, equivale a 150 mW/cm^2, e considerando-se o sol como uma fonte isotrópica, qual a potência irradiada pelo sol? (Distância terra-sol = 149×10^6 km).

Solução Usando a equação (2.4), resulta

$$W \cong 4,18 \times 10^{26}\, \text{watts}.$$

4. Uma antena de radar com polarização linear tem diretividade igual a 1. 000 e está ligada a um gerador de potência de 1 kW. Calcular a distância mínima a ser guardada entre a antena e uma pessoa, levando em conta que esta não deve ser exposta a níveis de radiação acima de 1 mW/cm^2.

Solução Da equação (2.12), resulta

$$U \cong 79.577 \text{ watts / stereoradiano}.$$

Levando agora em conta a equação (2.13), fica

$$r > 89 \text{ m}$$

5. Uma antena opera no espaço livre em polarização linear, tem diretividade máxima igual a 20, eficiência 80% e irradia uma potência igual a 100 w. Determinar a intensidade de campo elétrico a 50 km de distância da antena, na direção de máxima irradiação.

Solução   Das equações (2.26), (2.12), (2.13) e (2.16), resulta

$$E = \frac{\sqrt{60\ WkD}}{r}.$$

Substituindo os valores, temos

$$E = 6{,}2 \text{ mV/m}.$$

Bibliografia

1. Jordan, E.C. e Balmain, K.G., *Ondas Eletromagnéticas y Sistemas Radiantes*, 2ª ed., Prentice-Hall, Madrid, 1978.

2. Schelkunoff, S. A. e Friis , H. T., *Antenas Theory and Practice*, J. Wiley, New York, 1952.

3. Kraus, J. D., *Antenas*, McGraw-Hill, New York, 1950.

4. Thourel, L., *Les Antennes*, Dunod, Paris, 1971.

5. Hund, A., *Short-Wave Radiaton Phenomena*, Vol. I, MacGraw-Hill Book Co. Inc., 1952.

6. Tai, C. e Pereira, C.S., "An Aproximate Formula for Calculating the Directivity of an Antenna", *IEEE Trans. on Antennas and Propagation*, março, 1976

3 ADAPTAÇÃO DE ANTENAS ALIMENTAÇÃO BALUNS

1 Casamento de impedâncias

Uma antena é representada por uma impedância complexa e quando for ressonante é possível considerá-la como resistiva. Assim, há uma freqüência f_0, para a qual a antena é ressonante.

Interessa, agora, tratar a questão da adaptação da antena ao sistema de alimentação, seja através da linha de transmissão, seja diretamente ao gerador ou receptor. Se a impedância da antena é a mesma que a do sistema a que está ligada, diz-se que a antena está *casada* com o sistema. Quando o casamento não se verifica, boa parte da energia entregue à antena é refletida no gerador, provocando o aparecimento de ondas estacionárias na linha de transmissão. Assim, a verificação do casamento de impedâncias, entre a antena e o sistema de alimentação, pode ser realizada pela medida do coeficiente de onda estacionária na linha: o coeficiente de onda estacionária, r, pode ser calculado, no caso de impedâncias puramente resistivas, como a relação entre a impedância da antena e a impedância característica da linha (supondo que a linha esteja bem adaptada ao gerador), ou seja:

$$\rho = \frac{Z_t}{Z_0},$$

em que Z_t é a impedância vista pela linha nos terminais de alimentação, e Z_0 é a impedância característica da linha. Esta relação deve ser sempre maior que a unidade, de sorte que quando Z_t for menor que Z_0 basta que se inverta a fração.

Nos trabalhos práticos e industriais, é comum aceitar-se um coeficiente de onda estacionária até 1,5, havendo casos em que se admite um valor de 2. Em laboratórios, nos tipos mais comuns de antenas, não se deve trabalhar com coeficientes de onda estacionária superior a 1,1. Atualmente esta exigência tem chegado a $r = 1,05$.

Sabe-se que a partir de r é possível definir um **coeficiente de reflexão** Γ, dado por:

$$\Gamma = \frac{\rho - 1}{\rho + 1}.$$

Assim, através de r, podemos determinar a porcentagem de energia refletida. Realmente, sabe-se que r é proporcional a V e a I, o que permite dizer que Γ também o é e que Γ^2 é que será proporcional à potência. Seguem-se alguns exemplos de energia refletida para valores aceitáveis de r:

$\rho = 1,1 \ldots \Gamma = 0,091 \ldots \Gamma^2 = 0,0081$ (cerca de 0,8%);
$\rho = 1,5 \ldots \Gamma = 0,2 \ \ \ldots \Gamma^2 = 0,04$ (ou 4%);
$\rho = 2 \ \ \ \ldots \Gamma = 0,33 \ldots \Gamma^2 = 0,11$ (cerca de 11%);
$\rho = 2,5 \ldots \Gamma = 0,45 \ldots \Gamma^2 = 0,185$ (cerca de 18,5%).

Observa-se que as parcelas de energia refletida são pequenas, o que permite a aceitação de um ou outro valor, conforme o caso. Já se vê que o problema do casamento de impedâncias está relacionado com a eficiência do sistema de irradiação. Para facilitar, veja a Fig. 3.1 que dá a variação da energia refletida em função do coeficiente de onda estacionária.

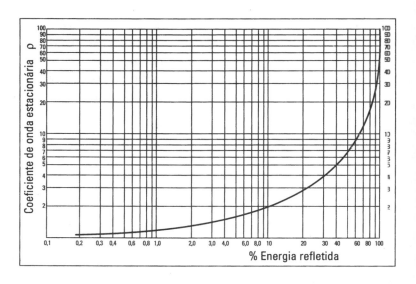

Figura 3.1 Coeficiente de onda estacionária vs. energia refletida

2 Introdução aos *baluns*

Linhas balanceadas e não-balanceadas

Nas discussões sobre linhas de transmissão, não tem sido necessário introduzir distinções acerca de balanceamento. Para fins práticos, entretanto, é conveniente ter em mente a diferença fundamental entre linhas **balanceadas** e **não-balanceadas** ou **desbalanceadas**.

Essa subdivisão se justifica pelo fato de se considerar **balanceada** a linha cujas conexões com a terra não carreguem corrente, ao passo que a desbalanceada tem, necessariamente, uma ligação com a terra que transporta corrente.

Para que possa obedecer a uma definição generalizada, deve-se pensar em **terra** como sendo, **não-necessariamente**, a superfície da terra, mas qualquer condutor, envoltório de condutor ou blindagem (no caso de este condutor não ser fisicamente visível ou isolado, pode-se considerar a terra mesmo como sendo esse condutor, pois ela, sendo tomada como infinita, vem a corresponder à superfície fechada).

Um sistema **balanceado**, então, é aquele no qual nenhuma corrente flui, **por dentro** ou **por fora**, desta blindagem, em qualquer outro ponto. No caso de se usar uma linha de transmissão para ligar partes de tal sistema, não haverá fluxo longitudinal de corrente pela parte da blindagem que circunda a linha, ou seja, se a blindagem for removida, não haverá fluxo de corrente para a terra. Há dois condutores dentro da blindagem transportando correntes iguais em sentidos opostos. Como a blindagem não é exigida para transporte de corrente, ela pode ser dispensada sem provocar fluxo de corrente para a terra. Muitas linhas balanceadas não são blindadas. Várias linhas balanceadas podem correr juntas, sem interferência, quando a freqüência for baixa.

O termo **desbalanceamento** usualmente se refere àquelas linhas que consistem em um condutor e uma blindagem, ou um condutor e a terra. A blindagem (ou terra) é usada como retorno. Na maioria dos casos, requer-se uma blindagem, uma vez que o uso da terra como retorno causa interferência e perdas sérias, particularmente em freqüências altas.

Uma linha desbalanceada blindada, geralmente, tem a forma de um cabo concêntrico ou coaxial. Observa-se, contudo, que isso é diferente de um cabo telefônico, que, verdadeiramente, consiste de várias linhas balanceadas, ou de pares de linhas dentro de uma malha comum, que serve como proteção mecânica, sem função elétrica.

Um cabo coaxial é mais caro que uma linha balanceada sem blindagem cuja atenuação lhe seja mais comparável. Entretanto, as linhas sem blindagem não podem ser usadas acima de uma certa freqüência. Isso justifica o largo uso que se dá aos cabos coaxiais nas faixas de altas freqüências. As linhas blindadas e balanceadas podem ser usadas em freqüências muito elevadas, embora sua construção seja algo difícil.

Quando a distância é pequena, a escolha entre os dois tipos de linhas pode ser afetada pelas terminações (terminais). Uma linha balanceada é a escolha natural, por exemplo, na ligação de uma saída *push-pull* para uma antena dipolo. Isso não significa, todavia, que seja impossível adaptar uma linha balanceada a uma carga desbalanceada, ou vice-versa. Os casos que serão tratados no próximo item (*Balun*) são exemplos disso.

A antena dipolo é balanceada, pois as correntes nos seus dois ramos são iguais e de sentidos opostos. As antenas de tipo monopolo de quarto de onda são desbalanceadas, pois usam uma terra própria (plano de terra) para circulação corrente.

A Fig. 3.2 dá uma idéia de tudo que se pode explicar, recorrendo-se a transformadores comuns.

Ao dispositivo que realiza a passagem de um sistema **balanceado** para outro **não-balanceado** dá-se o nome de ***balun*** (*BALanced-UNbalanced*). Esse **balun** tanto pode ser construído com as técnicas de linhas em freqüências altas, como com simples transformadores, onde a freqüência permitir.

Entre o transmissor e antena, certos fatores precisam ser considerados, para que se possa obter o necessário rendimento do sistema. Então a linha de transmissão assume um papel importante, seja do ponto de vista do casamento de impedância, seja do ponto de vista do balanceamento ou não das correntes.

Um mínimo de perda por irradiação se observa nas linhas, quando os campos circundantes nos dois condutores são iguais e opostos em fase, cancelando-se, portanto. Nessas condições, a linha é dita balanceada. Se a transmissão entre receptor e antena não é

Figura 3.2

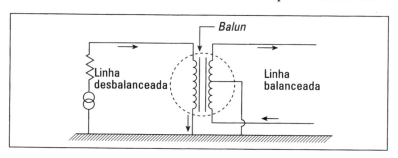

balanceada, embora se use linha **bifilar**, a perda ocasional pela irradiação da linha pode chegar a ser apreciável. A quantidade de energia perdida, dessa forma, é proporcional ao grau de desbalanceamento da linha.

Causas mais comuns do desbalanceamento:

a) dimensões desiguais (comprimento, espaçamento, etc.);

b) impedância de carga desigual nos dois condutores, que pode resultar tanto por parte da antena, como por parte do acoplamento entre os condutores e uma superfície condutora mais próxima;

c) dobras muito acentuadas nas linhas, em ângulos com um vértice bem acentuado, ocasionando irregularidades locais.

Vários métodos para balanceamento são conhecidos, como, por exemplo, a construção da linha bifilar bem uniforme e circuitos que realizem a transformação dos sistemas desequilibrados. Particularmente, em freqüências altas, faz-se uso das propriedades das seções de meia onda e de quarto de onda, de conhecimento geral.

3 *Balun* de quarto de onda

3.1 Introdução

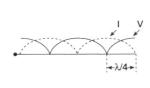

Figura 3.3

Na extremidade de uma linha de transmissão aberta, tem-se corrente nula e uma certa tensão *V*. Como conseqüência, a impedância dada pela relação *V/I* será infinita. Porém, na mesma linha aberta, um quarto de onda antes, há um máximo de corrente e um mínimo de tensão, dando uma impedância nula, no caso da linha ideal (Fig. 3.3).

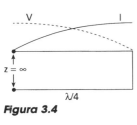

Figura 3.4

Se a linha for terminada em um curto perfeito e se o seu comprimento for de um quarto de onda, ter-se-á na entrada dessa linha, uma impedância infinita (Fig. 3.4), já que a corrente e a tensão se distribuem como se mencionou antes.

Se a linha de quarto de onda for aberta nas extremidades, a sua impedância, na entrada, será nula e, na saída, será infinita (Fig. 3.5).

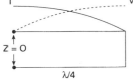

Figura 3.5

Porém, se a linha de quarto de onda ideal é terminada por uma certa impedância Z_t, diferente de zero e de infinito, e se a impedância característica da linha for Z_c, haverá, na entrada dessa linha, uma impedância refletida Z_e, que obedece à relação:

$$Z_c^2 = Z_t \cdot Z_e.$$

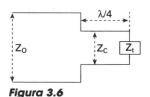

Figura 3.6

Em particular, se as impedâncias de entrada e saída forem iguais, isto exige que elas sejam iguais a Z_c (Fig. 3.6), isto é:

$$Z_c = Z_t = Z_e.$$

3.2 Utilização do trecho de quarto de onda em antenas

Quando se usa um cabo coaxial para alimentar um dipolo de meia onda em seu centro, liga-se o condutor central do coaxial a um dos ramos do dipolo e a malha do coaxial ao outro ramo. Acontece, porém, que, se a malha do coaxial impede a irradiação da energia de RF por parte do condutor central (ação de blindagem), a recíproca não é verdadeira, ou seja, se houver correntes nas partes externa e interna da malha do coaxial, não há nada que impeça a irradiação de energia por tal condutor. Para se evitar esta perda de energia e, o que é mais caro, a deformação do diagrama da antena, faz-se uso de *baluns* que visam impedir a circulação de correntes pelo exterior da malha do cabo coaxial.

Examinando-se o problema acima descrito (Fig. 3,7), verifica-se que, ao se ligar a malha coaxial ao um dos ramos do dipolo, nada mais se fez do que oferecer à corrente dois trajetos paralelos para sua circulação: um pelo interior (I_2) e outro pelo exterior da malha (I_3). Observe-se que tanto I_2 quanto I_3 são correntes que possuem uma distribuição superficial. Tais correntes irão se compor com as que deverão existir no próprio dipolo, dando uma distribuição final de correntes no *sistema antena-cabo coaxial*, distribuição essa que é imprevisível e que irá produzir um diagrama de irradiação diferente do esperado. É imprevisível porque irá depender das condições de instalação do sistema, uma vez que a posição do cabo coaxial que alimenta o dipolo passa a ser importante e vai influenciar o diagrama de irradiação, de vez que há corrente circulando no exterior da malha (Fig. 3.7).

A própria distribuição de correntes no ramo do dipolo é afetada por essa alimentação defeituosa, pois a corrente que influi no interior da malha, (I_2), deve se equilibrar com a que circula no condutor interno, (I_1). Mas, já que a malha apresenta uma corrente em sua parte externa que provém da própria I_2, isto faz com que o ramo *A* do dipolo apresente uma corrente menor que o ramo *B*, ou seja:

$$I_A < I_B.$$

Desta forma, conclui-se que o desbalanceamento das correntes

Figura 3.7

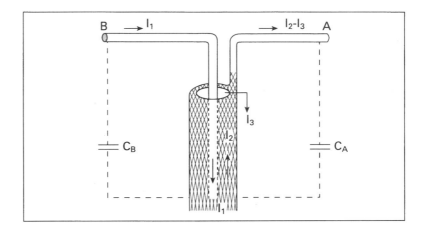

é causado, justamente, pela corrente I_3, que circula pelo exterior da malha (Fig. 3.8), e uma das conseqüências observadas é a distorção do diagrama.

Ao se introduzir o **balun** de quarto de onda, o objetivo é interferir na circulação de I_3, impedindo-a de fluir pelo exterior da malha. O *balun* é composto por um trecho de linha **bifilar** que é formado pela malha do cabo coaxial de alimentação e mais um outro condutor semelhante que é adaptado. Isto corresponde, pela Fig. 3.8, a intercalar, entre os ramos do dipolo e a resistência R_g do exterior da malha, uma elevadíssima impedância (infinita em f_0). Dessa forma, I_3 fica impedida de circular por fora e é *desviada* para o ramo do dipolo que, antes, era desfavorecido, restabelecendo o necessário equilíbrio de correntes. O que se fez, então, foi uma violenta tranformação de impedâncias, para que disso resultasse um balanceamento de correntes.

A Fig. 3.9 ilustra o que seria o *sistema antena-cabo*, em termos de circuito equivalente, do ponto de vista das impedâncias, exclu-

Figura 3.8
Ilustração dos trajetos das correntes I_1 e I_2, já com I_3 limitada pelo balun.

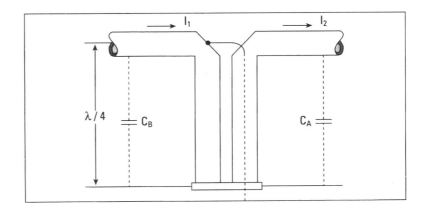

sivamente. Note-se que foi feita uma analogia dos ramos do dipolo com resistências concentradas, querendo, com isto, dizer que tal analogia é válida em f_0 apenas, quando os terminais de alimentação apresentem à linha a **resistência de irradiação**. As capacitâncias C_A e C_B são as existentes dos braços do dipolo para a terra mais próxima. Tais capacitâncias poderão ser reduzidas a um mínimo, mas existirão sempre.

Na Fig. 3.9 observa-se que o **ramo A** do dipolo fica com uma corrente menor que outro e isto porque a resistência R_g do exterior da malha é bem baixa, favorecendo a circulação de corrente por aí. Por outro lado, essa parte externa forma uma espécie de "espira irradiante" com as capacitâncias parasíticas C_A e C_B, uma vez que as dimensões do cabo coaxial de instalação facilitam a irradiação. Então, o *sistema antena-cabo coaxial* está aí confi-gurado nas duas malhas pelas quais há circulação de corrente e, portanto, dentro da analogia, provoca irradiação, dando como resultado um diagrama que é bem diferente do que se poderia esperar. Ao se mexer na **posição** do cabo coaxial ou da própria antena, altera-se o valor das capacitâncias parasíticas, mudando, por conseguinte, as condições de irradiação. O sistema, pelo visto, é bastante crítico.

Em casos excepcionais, quando as dimensões do cabo de alimentação forem reduzidas em comparação com o comprimento de onda, esta *irradiação espúria*, por assim dizer, se tornar desprezível, pelo fato de ele (o cabo coaxial), em sua parte externa, se tornar um irradiador não-eficiente. Isto, de certa forma, justifica uma ligação errada, sem a preocupação do balanceamento, em freqüências de HF (parte baixa). Contudo, ao se subir em freqüência, esse irradiador passa a ter sua eficiência aumentada e sua irradiação irá se compor com a do próprio dipolo, modificando o dia-

Figura 3.9
Circuito equivalente da antena alimentada em f_0, sem *balun*

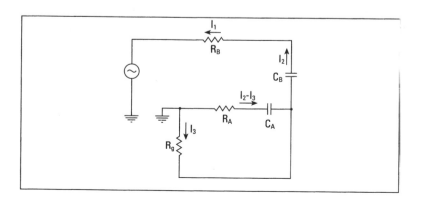

grama de irradiação deste último. Daí a necessidade de se evitar a circulação de corrente pelo exterior da malha, ou seja a corrente I_3.

Isto é obtido, conforme a Fig. 3.10, introduzindo-se uma impedância bastante elevada em série com R_g. Ao se defrontar com esta impedância elevada, a corrente I_2 tende a seguir somente através do **ramo A** da antena, fazendo com que não haja corrente em R_g, e, portanto, não haja irradiação, restabelecendo, assim, o equilíbrio de correntes em ambos os braços do dipolo.

Observe-se, finalmente, que a impedância do trecho de quarto de onda e a resistência equivalente do ramo **A** da antena estão em paralelo. Desta forma, não é necessário que o quarto de onda ofereça uma impedância infinita, mas um valor que seja bem maior que a do dipolo, para que I_3 seja considerada desprezível. Nisto reside a justificativa da largura de faixa ampla, em que tal dispositivo (*balun* de quarto de onda) pode ser usado, dentro de limites razoáveis de tolerância. Mais adiante são fornecidas curvas levantadas experimentalmente, ilustrando uma utilização do dispositivo numa faixa de 2:1, para valores perfeitamente aceitáveis de coeficiente de onda estacionária.

Por questões de natureza mecânica, convém usar uma linha bifilar que seja rígida, para realização deste *balun*, pois isto facilita muito a instalação do dipolo. Contudo, há exemplos de *baluns* feitos com o próprio cabo coaxial e cujo desempenho é bastante satisfatório (Fig. 3.11).

Vale a pena ressaltar que a execução do curto deverá ser bem feita. Por motivos de ordem prática, o curto é de dimensões limitadas, longe das condições ideais. Então, é preciso que seja feito com muito cuidado, para que se saiba ao certo em que ponto (elétrico) ele se acha situado.

Figura 3.10
Circuito equivalente da antena alimentada com *balun* λ/4

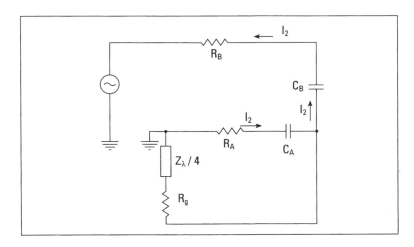

Figura 3.11
Aspecto final do *balun* λ/4, sem correntes na linha bifilar.

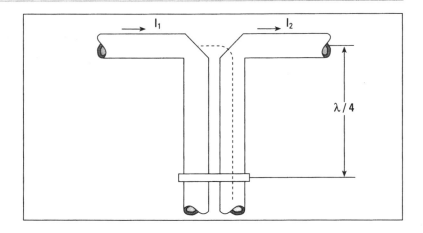

Por outro lado, o uso de condutores grossos, na confecção de dipolos, implica condições imprevisíveis para o dimensionamento do *balun* (por exemplo: em que ponto se deve fazer a medida do quarto de onda?). O que se constata é que a precisão desta medida é importante para se operar numa freqüência bem determinada, f_0, mas que a tolerância verificada permite que se estenda a operação do *balun* numa faixa ampla de freqüências, com valores aceitáveis de coeficiente de onda estacionária. Como se indica na Fig. 3.11, costuma-se fazer esta medida entre a face interna do curto e o eixo do dipolo.

Há várias versões da realização deste *balun* de quarto de onda, visando tornar seu uso mais adequado a determinadas circunstâncias. Elas podem ser encontradas em várias obras, como as referências bibliográficas (4) e (5) indicadas no final deste capítulo.

3.3 Resultados de medidas

Nas inúmeras vezes em que se tem utilizado o *balun* de quarto de onda, de cabos coaxiais ou de tubos metálicos, os resultados têm sido satisfatórios numa faixa de freqüências relativamente grande.

É costume dar-se como limitação para uso deste *balun* apenas 10% de sua freqüência central. Mas, quando, fora desse limite, ele ainda oferece uma impedância elevada, em comparação com a do dipolo, sua utilização pode ser consideravelmente aumentada (Fig. 3.12 e 3.13).

Na Fig. 3.13, vê-se uma curva típica de um dipolo de meia onda no qual se fez uso de um *balun* desse tipo, onde se nota que

Figura 3.12
Coeficiente de onda estacionária vs. freqüência. ($R_o = 50\,\Omega$)

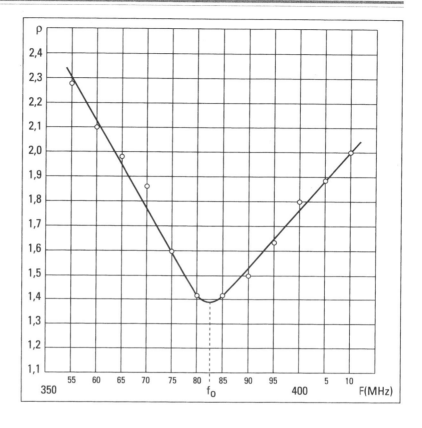

a limitação observada no uso conjunto dipolo + *balun* ocorre mais por conta do dipolo do que do *balun* em si mesmo.

Na Fig. 3.14, tem-se a representação da impedância em três freqüências significativas.

Figura 3.13
Dipolo cortado para 380 MHz

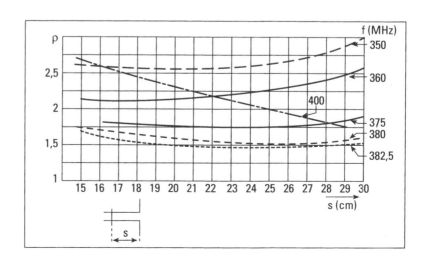

Figura 3.14
Variações da resistência e da reatância do dipolo de meia onda com *balun* de quarto de onda, nas freqüências mais significativas

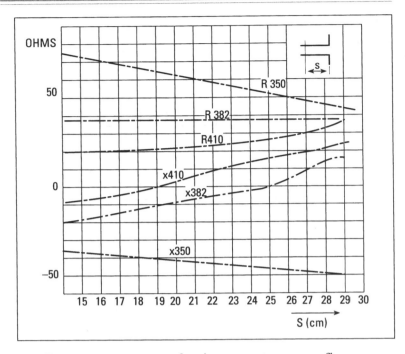

Ocorre, entretanto, um fato interessante, que se afigura como novo: sendo, o dipolo, um circuito sintonizado numa freqüência f_1, mas sobretudo com parâmetros distribuídos, e da mesma maneira o *balun*, outro circuito sintonizado também com parâmetros distribuídos, e ambos de dimensões apropriadas para irradiação eficiente, o fato de se usar os dois, na mesma montagem, provoca uma modificação nos respectivos parâmetros (RLC) e, portanto, uma nova freqüência de ressonância. Esse fato foi confirmado na prática: um dipolo cortado com todos os rigores conhecidos, para uma freqüência de 380 MHz, apresentou ressonâncias em freqüências bem diferentes, conforme o trecho de linhas que formava o *balun*.

4 *Balun* transformador de meia onda

Do mesmo modo que se obtém o equilíbrio de corrente sem alteração de impedâncias, pela utilização do quarto de onda, pode-se encontrar outro dispositivo, que, permitindo o equilíbrio de correntes, serve também para multiplicar as impedâncias. É o caso de se usar, convenientemente, um pedaço de linha de transmissão com meia onda de comprimento. Sabe-se que, numa linha de transmissão, as correntes em pontos distanciados de meia onda têm sentidos opostos. É esta propriedade que se aplica ao dispositivo da Fig. 3.15.

Considere-se um cabo coaxial com impedância Z_1, ao qual se adapta outro pedaço do *mesmo cabo*, tendo exatamente meia onda de comprimento. Então, se I_1 é a corrente que flui no condutor interno do coaxial, ao chegar em **A**, ela se divide igualmente pelos dois trajetos que são oferecidos: um em direção ao trecho de meia onda adaptado e o outro em direção a uma linha equlibrada. Assim, cada uma dessas correntes vale $I_1/2$.

A corrente que segue pelo trecho de meia onda, quando chegar em **B**, estará defasada da corrente que estiver **chegando em A**, justamente de meia onda. Portanto, em **A** e **B**, têm-se correntes equilibradas: sentidos contrários e mesmo valor absoluto.

Observe-se agora, que toda vez que uma corrente se divide por 2 é porque a impedância que lhe foi apresentada foi **multiplicada** por 4. Isto pode ser melhor entendido se se imaginar que uma potência P era "dissipada" antes, no cabo coaxial isolado que tivesse uma impedância Z_1 de terminação, à custa da corrente I_1. Se a corrente foi dividida por 2, isto equivale à adaptação de uma impedância diferente, ou seja, 4 vezes maior que Z_1, como se percebe pela relação a seguir.

Potência dissipada no cabo isolado:

$$P = I_1^2 Z_1.$$

Figura 3.15

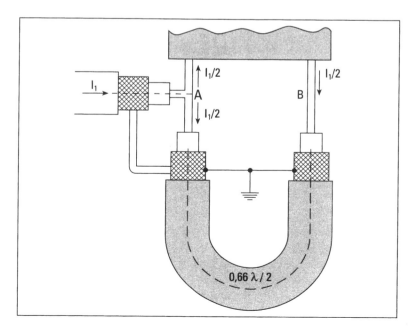

Potência dissipada na linha bifilar:

$$P = (I_1/2)^2 Z_2 = I_1^2 \frac{Z_2}{4}.$$

Ou seja, para que a potência seja a mesma, tanto no coaxial como na linha bifilar, deve-se ter uma impedância Z_2 igual a 4 vezes Z_1. As potências transportadas devem ser iguais nos dois sistemas (coaxial e bifilar). Como não há perdas:

$$Z_2 = 4Z_1.$$

Normalmente o cabo coaxial que se usa é de 75 Ω, de modo a oferecer, do outro lado, uma impedância de 300 Ω, e possibilitar o emprego de uma linha bifilar de TV, possibilitando também uma adaptação direta aos dipolos dobrados.

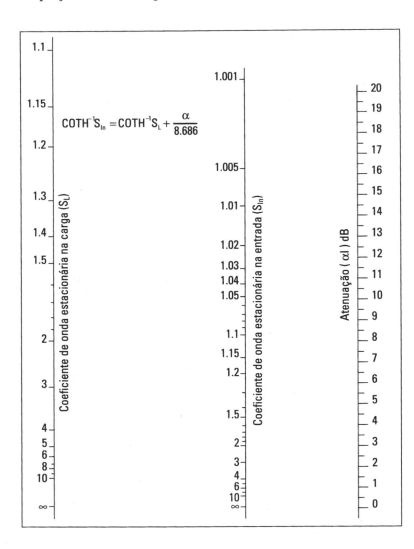

Figura 3.16
Redução do coeficiente de onda estacionária por atenuador casado. (*Handbook and Buyers' Guide*, 1961)

5 Coeficiente de onda estacionária e atenuação

Sabe-se que, se uma dada linha de transmissão apresenta perdas, as medidas de onda estacionária feitas numa extremidade não exprimem o valor correto existente na outra extremidade. E o valor dependerá da perda da linha. A Fig. 3.16 permite o conhecimento imediato de um coeficiente de onda estacionária na carga, pela leitura do mesmo coeficiente na entrada, desde que se conheça a atenuação da linha que está sendo usada.

Bibliografia

1. Jordan, E.C. e Balmain, K.G., *Ondas Eletromagnéticas y Sistemas Radiantes*, 2.ª ed., Prentice-Hall, Madrid, 1978.

2. Selgin, P. J., *Electrical Transmission in Steady State*, McGraw-Hill Book,1946.

3. Shimizu, H., *Antena Centopeia* (Trabalho Individual), Divisão de Engenharia Eletrônica, ITA-CTA, 1963.

4. Hund, A., *Short-Wave Radiaton Phenomena*, vol. I, Mac Graw-Hill Book Co. Inc., 1952.

5. Orr, W. I. e Johnson, H. G., *VHF - Handbook, Radio Publications*, Wilton Conn., USA, 1956.

6. Brault, R. e Piat, R., *Les Antennes*, Librairie de la Radio, Paris, 1954.

4 DIPOLOS

1 Introdução

Um irradiador, no espaço livre, que tenha um comprimento bem menor que o comprimento de onda apresenta uma distribuição de corrente praticamente linear. Isto se explica porque a capacitância do condutor se acha uniformemente distribuída, tal como numa linha de transmissão, e isto permite que se aceite a corrente como sendo proporcional à distância, contada da extremidade do condutor. Há quem chame a esta distribuição de triangular, pela composição que se observa entre a curva da corrente e o próprio fio condutor.

No caso mais geral do dipolo com qualquer comprimento, a distribuição de corrente torna-se muito próxima da senoidal, e assim o campo produzido por esse dipolo, num ponto distante, pode ser calculado pela superposição dos campos oriundos dos infinitos dipolos elementares que compõem tal distribuição de corrente senoidal.

Os campos do dipolo elementar situado na origem das coordenadas são dados pelas equações (2.23) e (2.24):

$$E_\theta = \eta \frac{IL \operatorname{sen} \theta}{2\lambda r} e^{-j\beta r},$$

$$H_\phi = \frac{IL \operatorname{sen}\theta}{2\lambda r} e^{-j\beta r}.$$

Para o dipolo de meia onda, temos, conforme a Fig. 4.1:

$$I = I_0 \cos \beta z.$$

Dipolos

Figura 4.1

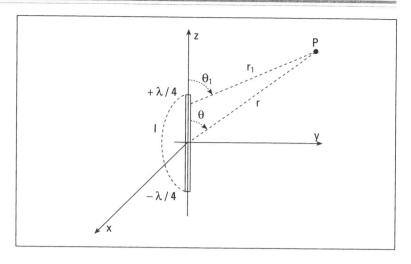

As duas trajetórias r e r_1 **são praticamente iguais**, ao menos para determinação da variação do campo com a distância. Mas a diferença entre as duas trajetórias,

$r - r_1$,

poderá ser comparável ao comprimento de onda, e, portanto, poderá ser importante para afetar a *fase* do vetor. É, nesse aspecto, que é preciso ter cuidado. As retas que unem o ponto de observação P ao trecho considerado na antena formam, como eixo Z, os ângulos θ e θ_1, como se pode ver na Fig. 4.1. Então, a trajetória r_1 pode ser calculada, com boa aproximação, por

$$r_1 = r - z \cos \theta. \tag{4.1}$$

Neste caso, a componente E_θ do campo distante, considerando essa diferença de fase ao longo dos vários pontos de antena, poderá ser calculada por

$$E_\theta = \eta \frac{I_0 \operatorname{sen}\theta}{2\lambda r} \int_{-\lambda/4}^{\lambda/4} \cos\left(2\pi \frac{z}{\lambda}\right) e^{-j\beta(r-z\cos\theta)} \, dz, \tag{4.2}$$

o que dá

$$E_\theta = \eta \frac{I_0}{2\pi r} e^{-j\beta r} \frac{\cos\left(\dfrac{\pi}{2} \cos\theta\right)}{\operatorname{sen}\theta}. \tag{4.3}$$

Como se viu anteriormente, as outras componentes do campo elétrico são nulas, para distâncias grandes.

Da mesma forma, ter-se-ia, para o campo magnético,

$$H_\phi = \frac{I_0}{2\pi r} e^{-j\beta r} \frac{\cos\left(\dfrac{\pi}{2} \cos\theta\right)}{\operatorname{sen}\theta}; \tag{4.4}$$

e as outras componentes são nulas no campo distante.

Pelo que se vê nas equações (4.3) e (4.4), o fator que dá forma ao diagrama de irradiação é a função em θ nestas equações. Então, com o campo normalizado, é possível escrever, para o caso de E_θ,

$$E_{\theta_N} = \frac{\cos\left(\dfrac{\pi}{2}\cos\theta\right)}{\operatorname{sen}\theta}. \tag{4.5}$$

Esta equação exprime o que se costuma definir como sendo fator de diagrama, justamente por ser a responsável pela *forma* que a irradiação vai apresentar.

2 Resistência de irradiação do dipolo de meia onda

Uma corrente de alta frequência, fluindo numa antena, "defronta-se" com algumas resistências que precisam ser conhecidas:

a) considerando a antena como um condutor imperfeito, vai aparecer uma resistência ôhmica cujo valor dependerá da freqüência em uso e da resistividade do material. Manifesta-se o efeito pelicular, já de conhecimento geral. Esta pode ser chamada simplesmente de resistência de perdas, R_p;

b) as condições de instalação da antena podem exigir o uso de isoladores, e pode ser que sejam empregadas tensões elétricas muito elevadas. De qualquer forma, o fato de se recorrer a freqüências elevadas, por si só já significa que os isoladores, por melhor que sejam, vão apresentar uma fuga, representada por uma resistência R_f, que é função da freqüência;

c) por sua vez, a corrente de retorno para a terra não vai encontrar uma resistência nula até o potencial zero, mas, certamente, haverá uma resistência própria do condutor e mesmo da terra, até que o nível zero de potencial seja atingido. É a chamada resistência de terra, R_g;

d) já que a antena emite energia de *RF*, realmente é possível fazer-se uma analogia com a absorção de energia por um resistor em corrente contínua. Constata-se que, da energia guiada pelas linhas de transmissão até a antena, uma parte é perdida nas resistências mencionadas anteriormente, e outra parte é irradiada. Ora, a energia irradiada pode ser computada como se fosse "perdida", do ponto de vista da linha de transmissão. Então, tudo se passa como se existisse uma "resistência de irradiação", que teria por função absorver parte da energia que chega à antena, e ainda transferir toda essa energia ao meio circundante. Assim, tem-se uma "resistência fictícia" que, na verdade, **não absorve energia**, mas **irradia** essa mesma energia de RF. Esta "resistência" é conhecida como **resistência de irradiação**, R_r.

A conclusão a que se chega é que a energia entregue à antena nos terminais da linha de transmissão estará sujeita a uma equação:

$$W_{in} = \frac{I^2}{2} \left(R_p + R_f + R_g + R_r \right).$$

Mais adiante essas várias resistências serão estudadas com objetividade. Por enquanto, basta que se considere a resistência de irradiação para estudo, tomando-se as demais como desprezíveis ou nulas, o que é verdadeiro para o caso ideal ou para freqüências bem altas (acima de HF).

Então imagine-se que W seja a potência total irradiada por uma antena cuja corrente nos terminais de alimentação seja I. Pela analogia feita, tem-se

$$R_r = \frac{W}{I^2 / 2}.$$
(4.6)

Nas antenas reais, constata-se uma variação da corrente ao longo de sua extensão, e é mais cômodo considerar-se a resistência de irradiação referida ao máximo dessa corrente, I_0. Neste caso, a equação (4.6) passará a ser:

$$R_0 = \frac{W}{I_0^2 / 2}.$$
(4.7)

O problema que aparece para ser resolvido, portanto, é o do cálculo da potência irradiada, que, uma vez realizado, permitirá que se conheça R_0, resistência de irradiação, no ponto máximo de corrente, I_0, corrente essa cuja lei de distribuição na antena está se supondo conhecida.

Ora, já se viu, no Cap. 2, que a potência total irradiada pode ser calculada pelo vetor de Poynting. Isto pressupunha um conhecimento prévio do diagrama de irradiação, o que quase nunca é possível. Mas, de modo geral, este problema pode ser equacionado.

Então, para o caso de **dipolo curto**, tem-se

$$W = \iint \mathbf{P} \cdot d\mathbf{S} = \iint (\mathbf{E} \times \mathbf{H}) \cdot d\mathbf{S},$$

$$W = \int_0^{\pi} \eta \left[\frac{I_0 L \, \mathrm{sen}\theta}{2r\lambda} \cos w \left(t - \frac{r}{c} \right) \right]^2 \left(2\pi r^2 \mathrm{sen}\theta \right) d\theta, \quad (4.8)$$

$$W = \frac{2\eta\pi I_0^2 L^2}{3\lambda^2} \cos^2 w \left(t - \frac{r}{c} \right).$$

O vetor de Poynting é uma função do tempo, como se vê, variando com o cosseno quadrado. Em muitos casos, deseja-se, apenas, o valor médio da energia irradiada, e, considerando que o valor médio do cosseno quadrado é 0,5, conclui-se que a potência média irradiada por uma antena curta isolada no espaço livre, com uma distribuição uniforme de corrente, é dada por

$$\text{Potência média irradiada} = \eta \frac{\pi I_0^2 L^2}{3\lambda^2}. \quad (4.9)$$

Levando-se esta equação (4.9) em (4.7), tem-se:

$$R_0 = \frac{2\pi\eta L^2}{3\lambda^2}. \quad (4.10)$$

Para o caso de um dipolo de meia onda, a potência total irradiada será obtida a partir do vetor de Poynting, supondo-se uma distribuição senoidal da corrente. No caso mais geral, de um dipolo de comprimento z, também com distribuição senoidal de corrente, tem-se:

$$W = \frac{15 I_0^2}{\pi} \int_0^{2\pi} \int_0^{\pi} \frac{\left[\cos\left(\frac{\beta z}{2} \cos\theta \right) - \cos\frac{\beta z}{2} \right]^2}{\mathrm{sen}\theta} \, d\theta \, d\phi,$$

$$W = 30 I_0^2 \int_0^{\pi} \frac{\left[\cos\left(\frac{\beta z}{2} \cos\theta \right) - \cos\frac{\beta z}{2} \right]^2}{\mathrm{sen}\theta} \, d\theta. \quad (4.11)$$

Comparando-se esta expressão com a (4.7), resultará:

$$R_0 = 60 \int_0^{\pi} \frac{\left[\cos\left(\frac{\beta z}{2} \cos\theta \right) - \cos\frac{\beta z}{2} \right]^2}{\mathrm{sen}\theta} \, d\theta. \quad (4.12)$$

Na expressão (4.12), fazendo-se $u = \cos\theta$ e $du = -\,sen\,\theta \cdot d\theta$, tem-se:

$$R_0 = 60 \int_{-1}^{+1} \frac{\left(\cos\dfrac{\beta z}{2} u - \cos\dfrac{\beta z}{2}\right)^2}{1-u^2}\, du. \qquad (4.13)$$

A expressão (4.13) dá o valor da R_0 para um dipolo de comprimento z. Fazendo, então, $z =$ meia onda e substituindo-se $\beta = \frac{2\pi}{\lambda}$, vem

$$R_0 = 30 \int_{-1}^{+1} \left[\frac{\cos^2(\pi u/2)}{1+u} + \frac{\cos^2(\pi u/2)}{1-u}\right] du. \qquad (4.14)$$

Fazendo-se, agora,

$$1 + u = \frac{v}{\pi}, \quad \text{logo} \quad du = \frac{dv}{\pi};$$

$$1 - u = \frac{v'}{\pi}, \quad \text{logo} \quad du = \frac{dv'}{\pi}.$$

E considerando que

$$\frac{v - \pi}{2} = \frac{\pi - v'}{2},$$

a expressão (4.14) passará a ser:

$$R_0 = 60 \int_0^{2\pi} \frac{\cos^2[(v-\pi)/2]}{v}\, dv. \qquad (4.15)$$

Mas

$$\cos^2 \frac{x}{2} = \frac{1}{2}(1 + \cos x),$$

logo

$$R_0 = 30 \int_0^{2\pi} \frac{1 + \cos\,(v - \pi)}{v}\, dv = 30 \int_0^{2\pi} \frac{1 - \cos v}{v}\, dv; \qquad (4.16)$$

por outro lado,

$$\mathrm{Cin}(x) = \int_0^{\pi} \frac{1 - \cos v}{v}\, dv = \log_e \gamma x - \mathrm{Ci}(x) =$$
$$= 0{,}577 + \log_e x - \mathrm{Ci}(x)$$

onde $\log_e \gamma$ é a constante de Euler, $\mathrm{Ci}(x)$ é a função cosseno integral (Fig. 4.2) e $\log_e x$ o logaritmo neperiano de x.

Figura 4.2
Ilustração da variação da função Ci(x) (cosseno integral de x).

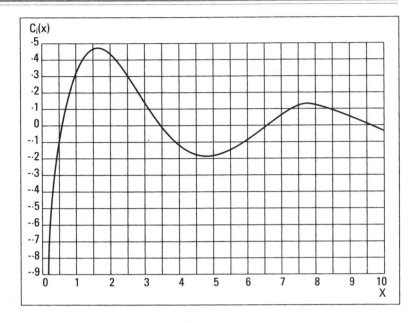

O valor da função cosseno integral pode ser dado, com boa aproximação, pela expressão:

$$\text{Ci}(x) = \log_e \gamma x - \frac{x^2}{2!2} + \frac{x^4}{4!4} - \frac{x^6}{6!6} + \cdots;$$

em particular, para $x < 0{,}2$, ela se reduz a:

$$\text{Ci}(x) \cong \log_e \gamma x = 0{,}577 + \log_e x;$$

e, para $x \gg 1$, obtém-se:

Tabela de Ci(x)

x	Ci(x)	x	Ci(x)
0,01	-4,0280	6,00	-0,0681
0,03	-2,9296	7,00	0,0767
0,05	-2,4191	8,00	0,1224
0,10	-1,7279	9,00	0,0553
0,20	-1,0422	10,00	-0,0455
0,30	-0,6492	11,00	-0,0896
0,40	-0,3788	12,00	-0,0498
0,50	-0,1778	13,00	0,0268
0,60	-0,0223	14,00	0,0694
0,70	0,1005	15,00	0,0463
0,80	0,1983	16,00	-0,0142
0,90	0,2761	17,00	-0,0552
1,00	0,3374	18,00	-0,0435
1,40	0,4620	19,00	0,0052
2,00	0,4230	20,00	0,0444
2,40	0,3173	22,00	0,0016
3,00	0,1196	24,00	-0,0383
3,40	-0,0045	26,00	-0,0283
4,00	-0,1410	28,00	0,0109
5,00	-0,1900	30,00	-0,0330

$$\text{Ci}(x) = \frac{\operatorname{sen} x}{x}.$$

Então, da equação (4.16), para o dipolo de meia onda, obtém-se:

$$R_0 = 30 \operatorname{Cin}(2\pi) = 30 \cdot 2{,}44 \cong 73 \ \Omega.$$

Este valor da resistência de irradiação do dipolo de meia onda é válido para o dipolo no espaço livre e no qual o efeito da espessura não foi considerado. Normalmente a impedância de entrada de um dipolo de meia onda inclui uma componente reativa (indutiva) em série com R_0, e que, para ser eliminada, exige que se encurte o dipolo, fazendo com que o valor de R_0 se reduza um pouco.

As curvas da Fig. 4.3 permitem, justamente, que se faça o projeto de um dipolo de meia onda, considerando-se esse encurtamento. Ali encontra-se o quanto por cento se deve encurtar um dipolo, para que ele seja ressonante, e qual o respectivo valor para a R_0.

Naturalmente que tais valores, mesmo colhidos nas curvas obtidas em laboratório, pressupõem que as medidas foram feitas sem se considerar influências de reflexões em objetos próximos que as perturbassem. Nos casos reais, em que as antenas instaladas formam redes com suas imagens, os valores de R_0 passariam a ser outros, mas é possível saber-se a lei de variação de resistência em função da distância de acoplamento.

Figura 4.3
Variação do comprimento e da resistência de irradiação de dipolos de meia onda:
(1) antena cilíndrica sem a capacitância dos terminais (teórico);
(2) antena cilíndrica (curva prática);
(3) antena cilíndrica com capacitância dos terminais (teórico)

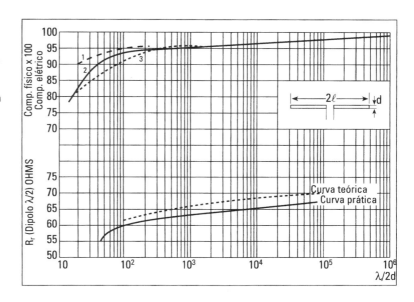

A resistência de irradiação foi obtida pelo chamado método do vetor de Poynting, pelo qual se calcula o campo distante, e a potência é computada pela integração do vetor densidade de potência. Entretanto, o campo distante permite o conhecimento de R_r através da potência irradiada, tão-somente. A potência reativa e a própria reatância da antena só poderão ser conhecidas por estudos feitos no campo próximo, ou, por outras palavras, o campo distante — campo da potência irradiada — não deve ser usado para se obter a reatância da antena.

Há um outro método de cálculo, chamado da fem induzida, que não tem essa limitação, por trabalhar inclusive na região do campo próximo, com as mesmas hipóteses feitas para o campo distante. Por este método, o campo elétrico produzido em qualquer ponto P distante da antena é determinado em primeiro lugar. A seguir, desloca-se P até a própria superfície da antena e determina-se o valor da tensão induzida em cada elemento da antena. Procede-se, então, ao cálculo da potência que determinaria uma corrente que se opusesse a esse efeito de indução, em cada elemento da antena. Para se saber o valor total da potência envolvida, deveremos considerar uma integração sobre o comprimento total da antena e não mais numa superfície esférica em torno dela, como no outro método. Isso nos permite o conhecimento da potência total irradiada, mesmo na região de campo próximo, sem considerar, apenas, as perdas ôhmicas.

Com esse dado é relativamente simples, calcular a R_r e também o valor de impedância mútua entre antenas. No caso de resistência de irradiação, para uma antena de comprimento h (monopolo sobre refletor perfeito e infinito), chega-se à expressão (4.17) e que está na Fig. 4.4:

$$R_r = 15 \left[(2 + 2\cos b)S_1(b) - \cos b \, S_1(2b) - \right.$$
$$\left. -2 \, \text{sen} \, b \, S_i(b) + \, \text{sen} \, b \, S_1(2b) \right] \tag{4.17}$$

onde

$$b = 2\beta h,$$

$$S_1(x) = \int_0^x \frac{1 - \cos V}{V} \, dV = \left(\frac{x^2}{2 \cdot 2!} - \frac{x^4}{4 \cdot 4!} + \frac{x^6}{6 \cdot 6!} - \dots \right);$$

$$S_i(x) = \int_0^x \frac{\text{sen} \, V}{V} \, dV = \text{seno integral}.$$

Figura 4.4
Resistência de irradiação de um monopolo simples sobre refletor perfeito

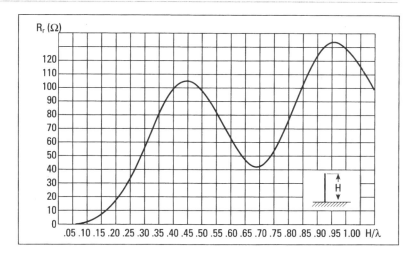

3 Resistência de irradiação do dipolo para alimentação não-simétrica

Uma das dificuldades que surgem na alimentação simétrica do dipolo de meia onda é que o valor da sua impedância é muito baixo (da ordem de 70 Ω), para o sistema equilibrado de correntes que ele requer.

Já foi examinado o recurso de *balun* de quarto de onda, que permite o uso de cabos coaxiais (de baixa impedância) para alimentação do dipolo. Ocorre que tais cabos podem não ser encontrados, ou seu emprego poderá elevar o custo da instalação. Nesse caso, recorre-se a uma alimentação fora de simetria, para se obter um ponto de alimentação no qual o valor da resistência de irradiação seja mais elevado.

Isto é compreensível, se for lembrado que a antena é uma espécie de linha de transmissão deformada. Assim sendo, há uma distribuição de V e de I, ao longo da antena, e, conseqüentemente, o valor da impedância em cada ponto está na dependência direta da relação V/I.

Admitindo-se, como tem sido feito sempre, que a distribuição de corrente no dipolo de meia onda seja senoidal, fica fácil deduzir-se o valor de R_r em cada ponto. No ponto de simetria, o valor máximo da corrente é I_0. Num ponto qualquer, situado a uma distância z do centro do dipolo, a corrente valerá

$$I = I_0 \cos \beta z. \tag{4.18}$$

Para a alimentação no centro de simetria, a potência irradiada é calculada pela equação

$$W = \frac{I_0^2}{2} R_0.$$

No caso de a alimentação ser feita num ponto diferente, separado do centro pela distância z, a potência irradiada seria a mesma, pois não há alteração na potência entregue à antena. Então ter-se-ia

$$W = \frac{I^2}{2} R_r,$$

$$W = \frac{I_0^2}{2} \cos^2 \beta z \, R_r. \qquad (4.19)$$

Comparando-se (4.19) com a expressão anterior, resultará

$$R_r = \frac{R_0}{\cos^2 \beta z}. \qquad (4.20)$$

Por exemplo, se se alimentar um dipolo de meia onda a um quarto de sua extremidade ($z = 1/8$ de comprimento de onda), o valor da resistência de irradiação seria nesse ponto, 146 Ω.

A expressão (4.20) mostra que, para $z = 1/4$ de comprimento de onda, deve-se encontrar resistência infinita, isto é, para uma antena-dipolo que fosse alimentada em sua extremidade a resistência seria infinita. Isto não é bem verdadeiro para antenas reais, pelo fato de que elas, tendo uma certa espessura, não apresentam, em sua extremidade, um nulo de corrente e nem a tensão passa pelo seu maior valor. Assim, a impedância atinge um valor muito alto, mas não é infinita. Está claro que esse valor dependerá do diâmetro do condutor de que é feita a antena.

A Fig. 4.5 mostra a variação da R_r ao longo do dipolo de meia onda suposto sem espessura, e a Fig. 4.6 mostra o valor da R_r que tem sido encontrado para dipolo alimentado na extremidade, não só em função do diâmetro, mas do próprio tamanho escolhido para o dipolo.

3.1 Variação da resistência de irradiação com a altura

Como é fácil de se concluir, a antena, sendo um condutor elétrico que apresenta uma certa distribuição de correntes e, portanto, de cargas elétricas, quando estiver próximo de uma superfície refletora vai dar origem a uma imagem, que será acoplada ou não à antena real, dependendo do valor dessa distância em termos de comprimento de onda.

Figura 4.5
Resistência de irradiação de dipolo de meia onda, variando com o ponto de alimentação (x)

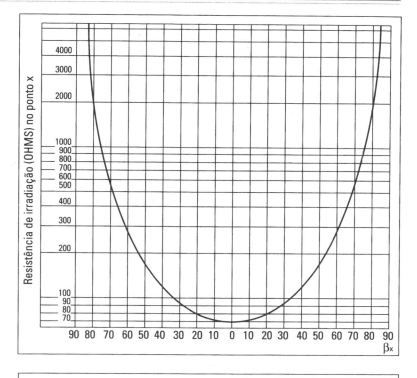

Figura 4.6
Resistência de irradiação de dipolos de meia onda alimentados na extremidade, em função do diâmetro do condutor

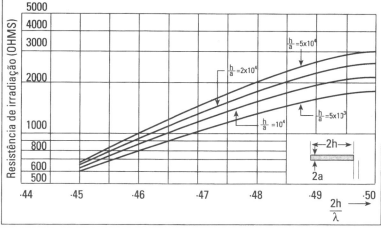

Então, quando se instala uma antena, é preciso que se atente para o fato de que ela vai formar uma imagem no solo e que, conforme o valor do fator de acoplamento, as suas características irradiantes (diagrama, resistência de irradiação) sofrerão alterações que são previsíveis (Fig. 4.7).

Vê-se, na Fig. 4.7, que a tolerância para a instalação de uma antena polarizada verticalmente é maior, pois pode ser instalada a uma altura menor que a polarizada horizontalmente.

Figura 4.7
Variação da resistência de irradiação em dipolos de meia onda, em função da altura do solo, nas polarizações vertical e horizontal

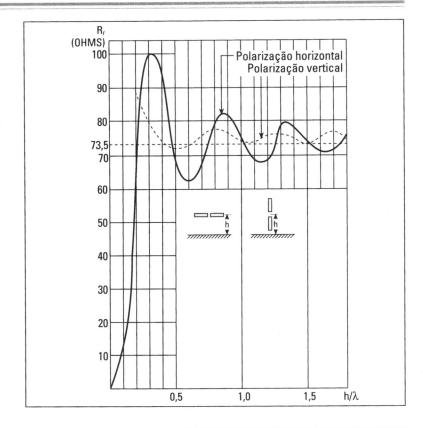

Figura 4.8
Ilustração da variação do diagrama de irradiação do dipolo de meia onda, com polarização vertical, a várias alturas do solo

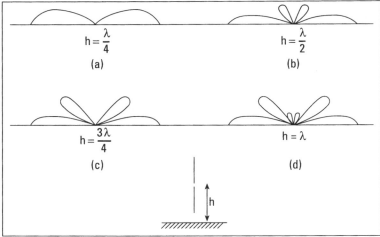

De qualquer forma, há sempre uma infuência que deve ser do conhecimento do encarregado do projeto. Na Fig. 4.7, o valor limite para o qual tendem as resistências, para ambas as polarizações, é o da resistência do dipolo sem espessura e no espaço livre, ou seja, 73 Ω. Caso o dipolo apresente um certo diâmetro d, esta

Figura 4.9
Ilustração da variação do diagrama de irradiação em dipolos de meia onda, com polarização horizontal, com vistas em dois planos, para duas alturas diferentes

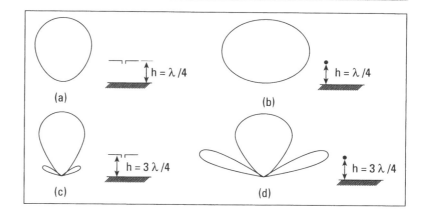

curva deve ser utilizada com a que foi dada anteriormente na Fig. 4.3, que é a que fornece o valor limite para o dipolo real.

A altura também influencia no diagrama de irradiação, como será mostrado adiante. Apenas por antecipação, as Figs. 4.8 e 4.9 ilustram esse fato, para dipolos com polarizações vertical e horizontal em alturas diferentes.

Este assunto é tratado em detalhes nos Caps. 6 e 10.

4 Influência dos terminais do dipolo na resistência de irradiação

Trabalhos experimentais levados a efeito com dipolos de meia onda mostram que, nas vizinhanças da freqüência de ressonância, a parte resistiva da impedância aumenta com o intervalo de separação entre os terminais de alimentação, ao passo que a parte reativa permanece sem alteração. Contudo, tais alterações são de pequena monta.

O formato dos terminais de alimentação é um pouco mais importante, pois dessa geometria depende um pouco a parte resistiva e é possível detectar-se uma ligeira variação na reatância. A Fig. 4.10 reproduz dados obtidos, em uma experiência particular, para um comprimento de onda entre 6 e 7,2 m. O que se percebe é que tais refinamentos só encontrarão aplicação devida nos ajustes finais das antenas, assim mesmo quando os valores de casamento são de uma exigência algo fora do comum.

4.1 Reatância do dipolo de meia onda

A determinação teórica dos parâmetros distribuídos de um

Figura 4.10
Impedância de dipolos de vários comprimentos, em função do espaçamento em seus terminais. As curvas cheias mostram os valores medidos por Smith e Holt ($\lambda = 6$ m e $a = 0,625''$, $\lambda/4a = 100$). A curva interrompida é devida a Cochrane ($l = 7,2$ m, $a = 0,375''$, $\lambda/4a = 200$). Cfr. Schelkunoff, op. cit. p. 449

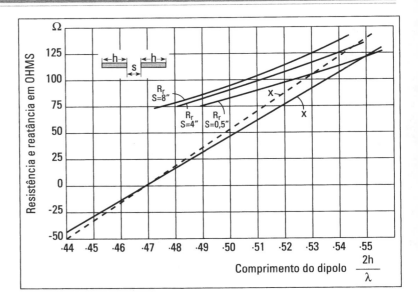

dipolo de meia onda é extremamente difícil e complicada. Isto exigiria o conhecimento mais perfeito das influências que deveriam ser atribuídas às condições de instalação, o que é uma tarefa bem complicada. Contudo, imaginando-se o dipolo no espaço livre e de formato cilíndrico regular, com diâmetros bem determinados, há métodos de cálculo em eletromagnetismo que permitem calcular os valores das reatâncias e resistências, para alimentação simétrica, usando-se dipolos de comprimentos e diâmetros variados. É o que se ilustra na Fig. 4.11 e que deve ser aceito com as ressalvas feitas.

Na Fig. 4.3, tem-se a redução do comprimento e da resistência de irradiação de um dipolo de meia onda ressonante, na realidade um dipolo levemente menor que meia onda. Estes valores foram derivados de curvas semelhantes às da Fig. 4.11.

Outros detalhes sobre este assunto são tratados nos Caps. V e VI.

5 Influência da geometria do condutor

Até agora, todas as considerações foram feitas em torno de um dipolo cilíndrico cujo diâmetro se supõe conhecido. Pode acontecer que se tenha necessidade de usar um dipolo feito de condutor não-cilíndrico e deve-se poder proceder os cálculos de suas características irradiantes. O trabalho de análise da equivalência de condutores de formato quaisquer em condutores circulares foi levado a efeito por Hallen e, posteriormente, ampliado por outros pesquisadores de acordo com as necessidades.

Figura 4.11
Resistência e reatância de monopolos curtos, para vários diâmetros, conforme a teoria das FEM induzidas
(Cfr. Jordan, p. 364)

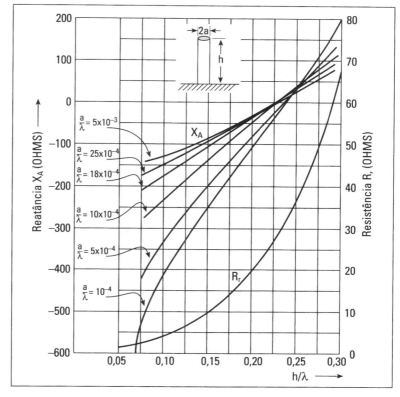

Apresentamos à página 60 um apêndice que trata especificamente do assunto. Por enquanto, basta que se dê duas das geometrias mais comuns e suas equivalências em termos circulares. Se o dipolo for feito com uma fita de largura L, esta fita será equivalente a um dipolo cilíndrico cujo raio é dado por:

$$a = 0{,}25\, L. \tag{4.21}$$

Se o dipolo for feito com um condutor de seção quadrada cujo lado seja L, ele será equivalente a um dipolo cilíndrico cujo raio é dado por:

$$a = 0{,}59\, L. \tag{4.22}$$

Veja-se a Fig. 4.12, que ilustra estas duas equivalências.

Figura 4.12
Ilustração dos raios equivalentes para perfis de seção quadrada e condutores em forma de fita

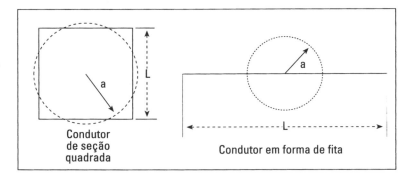

Condutor de seção quadrada

Condutor em forma de fita

6 Alimentação do dipolo

Finalmente já se pode fazer uma apreciação sobre os vários modos segundo os quais é viável a alimentação de um dipolo. Tudo depende se puderem ser definidas as exigências de instalação: se se trata da saída de um transmissor ou receptor (para especificação de potência); se a saída é equilibrada ou não; se a impedância é baixa ou elevada; se há necessidade de manter o máximo de irradiação segundo a normal do dipolo. Definido isto, é possível projetar-se a alimentação apropriada. A Fig. 4.13 faz uma síntese das várias modalidades de alimentação, embora existam outras variantes.

A Fig. 4.13(a) mostra o tipo de excitação natural, com linha balanceada de impedância baixa como a do próprio dipolo excitado no centro. Devido ao fato de não se obter, na prática, uma linha bifilar de impedância tão baixa, não se consegue o desejado casamento, embora mantendo as correntes equilibradas. De fato, sabe-se que o valor que se poderia encontrar para R de um dipolo alimentado no centro é de 70 Ω, para elementos muito finos. Uma linha bifilar com dielétrico de ar que apresentasse tal impedância deveria guardar uma relação entre espaçamento e diâmetros da ordem de 1,04 e que não é realizável. Contudo, existem linhas bifilares com dielétricos sólidos ou semiflexíveis, tipo coaxial, cujo valor da impedância é consideravelmente baixo.

Na Fig. 4.13(b) tem-se configurada a conhecida alimentação do tipo **delta** ou ***shunt***, que proporciona um bom casamento. Sua compreensão é simples, pois percebe-se o dipolo alimentado em pontos distantes do centro em situação de simetria. Portanto, com impedância mais elevada que R_0. Na prática, a transição de uma impedância para outra (antena-linha) é feita de maneira simples, através de porções retilíneas e não-exponenciais. E os resultados não são tão maus. É evidente que o casamento e o balanceamento serão mais favoráveis quanto melhor for essa transição.

Figura 4.13
Várias modalidades de alimentação de dipolos

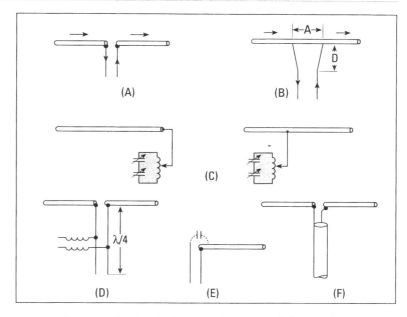

A alimentação tipo **delta**, eletricamente falando, faz parte da antena, contribuindo para o campo irradiado, o que é uma pequena desvantagem. Outra desvantagem é que as seções "A" e "D" da seção casadora são obtidas por tentativas, sendo de ajuste crítico e difícil para proporcionar bons resultados. A seção "A" pode ser calculada tal como já foi feito para o cálculo de R_r, num dipolo, a uma distância z do centro. No caso, considera-se a medida de "A" como sendo corrrespondente a $2z$. A vantagem de tal alimentação reside no fato de permitir o uso de linha equilibrada, o que vem implicar um mínimo de irradiação pela linha. O dipolo não precisa ser aberto no centro, para alimentação tipo **delta**. Basta que se observe que as correntes são equilibradas na linha, devendo ter o mesmo sentido nos ramos da antena.

Na Fig. 4.13(c) tem-se, provavelmente, o método mais simples de excitação, pois alimenta a antena pela extremidade, com um fio simples. Com muito boa aproximação, isto viria responder a uma antena vertical com uma grande carga de topo.

Convém lembrar que uma linha simples de alimentação apresenta uma impedância carcterística da ordem de 500 a 600 Ω, dentro da variação da impedância da antena (70-2500 Ω). Dessa forma, é sempre possível achar-se um ponto ao longo da antena que proporciona um casamento com linha. Esse ponto se situa mais ou menos a l/4 da extremidade da antena de meia onda. Para que não haja acoplamento entre antena e cabo, é preciso que a linha seja mantida em ângulo reto com a antena, até mesmo uma distância mínima de meia onda.

Apesar da simplicidade, este método é pouco usado, pelo fato de exigir uma boa terra para a corrente de retorno que fluirá pela capacitância antena-terra. Além disso, ainda há uma perda apreciável devido à irradiação da própria linha.

Na Fig. 4.13(d) foram usados elementos já conhecidos, como são as seções de quarto de onda. Usa-se um toco $\lambda/4$ que deverá apresentar uma impedância alta na entrada e baixa na saída. Liga-se uma extremidade à antena (baixa impedância) e a outra à linha (alta impedância). Como o toco age como um transformador de impedância, há, ao longo dele, uma posição que possibilita o casamento desejado: linha–toco–antena. Esta alimentação, ou qualquer outra que use o mesmo sistema de tocos, casa muito bem o sistema, mas apresenta uma desvantagem: limita a faixa de utilização da antena que passa a ser a faixa de utilização do toco.

Na Fig. 4.13(e) tem-se um tipo de alimentação muito em voga nos meios amadores. É o chamado *zeppelin*. Consiste em se trazer a linha bifilar até a extremidade, mas com um só dos condutores da linha ligado diretamente à antena. "O mecanismo dessa alimentação talvez seja um pouco difícil de ser visualizado, porque um dos condutores de alimentação não se liga à antena. A dificuldade se relaciona com a tendência natural para que se pense em termos de circuitos comuns, onde o fluxo de corrente exige um *loop* completo entre os terminais da fonte, ou seja, a corrente deve se fechar em algum ponto. Mas esta limitação se aplica somente aos circuitos nos quais os campos eletromagnéticos chegam à parte mais distante do circuito num intervalo de tempo desprezível, em comparação com o período. Quando as dimensões do próprio circuito são comparáveis com as do comprimento da onda, não se tem necessidade de *loops* físicos completos: os parâmetros distribuídos proporcionam os caminhos necessários, embora não sejam visíveis, nem exigida sua representação" (referência 5).

Finalmente, na Fig. 4.13(f) tem-se a alimentação com cabo coaxial em que não se faz balanceamento. Aqui é satisfeita a condição de casamento e completamente desrespeitada a de balanceamento das correntes. Ela consiste, simplesmente, em se abrir ao cabo coaxial, ligando-se seu condutor central a um dos ramos da antena e sua malha ao outro ramo.

Apesar de se saber dos defeitos próprios dessa alimentação, pode-se afirmar que é a mais usada, em quase todas as estações de rádio espalhadas pelo país, nas freqüências de HF. Realmente deve-se dizer que, em freqüências baixas (abaixo de VHF), a perda por irradiação não é grande, e a distorção do diagrama provocada pelo desbalanceamento das correntes é aceitável.

Dipolos **59**

Em todos esses sistemas de alimentação, o cabo sempre introduz uma capacitância a mais, o que modifica ligeiramente a impedância e a freqüência de ressonância. Deve-se observar que, se os condutores dos quais é feita a antena são grossos, é conveniente que os terminais de alimentação tenham um formato cônico, de modo a reduzir aquela capacitância.

EXERCÍCIOS RESOLVIDOS

1. Um radioamador pretende alimentar um dipolo de meia onda com uma linha bifilar de impedância característica 600 Ω. Dimensionar o dipolo para operar na freqüência de 14 MHz. (O dipolo será construído com fio de diâmetro 2,6 mm.)

Solução Da relação $\frac{\lambda}{2d} = 4.120$, determinamos um fator de encurtamento 0,98. Então o dipolo terá comprimento total 10,5. Como $R_0 \cong 70$, o dipolo deve ser alimentado fora do centro, para que a resistência de entrada seja 600 Ω.
Usando, então, a equação (4.20), com $R_r = 600$, resulta o ponto de alimentação a 4,18 m do centro ou a 1,17 m de uma extremidade.

Nota — Esta solução considerou o dipolo no espaço livre, não sendo levado em conta um eventual efeito do solo.

2. Um gerador fornece 1 W a um dipolo de meia onda encurtado. Se a resistência de perdas for igual a 5 Ω, calcular a corrente no ponto de alimentação e o ganho do dipolo.

Solução $W = \dfrac{I^2}{2}\left(R_p + R_r\right).$
Considerando $R_r = 65$ Ω, resulta

$$R_r = 65 \ \Omega$$

Na ausência de outros efeitos, o ganho vale

$$G = \frac{65}{65+5} \times 1,64 = 1,52.$$

Bibliografia

1. Kraus, J. D., *Antenas*, McGraw-Hill, New York, 1950.

2. Jordan, E.C. e Balmain, K.G., *Ondas Eletromagnéticas y Sistemas Radiantes*, 2.ª ed., Prentice-Hall, Madrid, 1978.

3. Schelkunoff, S. A. e Friis , H. T., *Antenas Theory and Practice*, J. Wiley, New York, 1952.

4. Thourel, L., *Les Antennes*, Dunod, Paris, 1971.

5. Skilling, H. H., op. cit.

6. Williams, H. P., *Antenna Theory and Design*, Sir Isaac Pitman & Sons, Londres, Vl. II, 1950.

A P Ê N D I C E I

Raios equivalentes de antenas não-circulares*

Introdução

O raio equivalente de antenas uniformes com seção não-circular foi sugerido por Erik Hallen (referência 1), o qual estabeleceu que antenas com seção não-circular poderiam ser examinadas matematicamente considerando-as cilíndricas, tendo um raio equivalente. Uma vez conhecido este, podemos fazer uso da literatura existente sobre antenas cilíndricas para determinar suas impedâncias de entrada. Hallen apresentou a teoria de que o raio equivalente de uma antena com seção não-circular é igual a uma antena circular que, junto com um cilindro circular concêntrico maior, tenha a mesma capacitância.

Uda Shintaro e Yasuto Mushiake (referência 2) usaram uma teoria diferente da de Hallen e derivaram uma expressão aproximada para um raio equivalente, dada por

$$\log_e \rho = \frac{1}{a^2} \int_C \int_C \log_e d(s,s_1)\, ds_1 ds,$$

onde

ρ = raio equivalente da antena de seção qualquer;
$d(s,s_1)$ = distância entre dois pontos s e s_1, tomados na periferia C da seção;
a = comprimento da curva fechada C da seção.

---

* Su, C. W. H. e German, J. P., "The equivalent radius of noncircular antennas", *The Microwave Journal*, abril, 1966.

Comparação dos métodos

O raio equivalente obtido pela expressão aproximada de Uda-Mushiake foi comparado matematicamente com o raio equivalente encontrado pelo método de Hallen, em alguns perfis não-circulares. Os dois métodos deram raios equivalentes, diferindo aproximadamente de 5 a 10% nos casos investigados.

Foram feitas medidas nos perfis não-circulares apresentados neste artigo e uma concordância razoável foi encontrada entre a impedância de entrada da antena não-circular cilíndrica equivalente, sobre uma faixa de freqüência desde abaixo da primeira até a segunda ressonância.

Nos perfis que se seguem, o método de Hallen foi usado nas antenas cujas seções foram encontradas nas Figs. 1 e 2 e a expressão de Uda-Mushiake foi aplicada às outras. Os perfis investigados são dados a seguir.

Raios equivalentes de antenas com seção não-circular

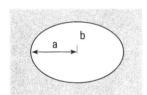

Figura 1
Seção de uma antena tendo o condutor em forma elíptica

Antena com seção elíptica (Fig. 1):

$$\rho = \frac{a+b}{2}.$$

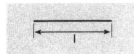

Figura 2
Seção do condutor de uma antena com forma chata

Antena com seção de "tira chata"(Fig. 2):

$$\rho = 0{,}25 \text{ (largura)}.$$

Antena de perfil "L"(Fig. 3):

$$\rho \cong a e^{\mu(\eta)}$$

$$\mu(\eta) = \frac{1}{(1+\eta)^2}\left[\frac{-3}{2}(1+\eta)^2 + \eta^2 \log_e(\eta) + \right.$$

$$\left. + \eta \log_e(1+\eta^2) + tg^{-1}\eta + \eta^2 tg^{-1}\left(\frac{1}{\eta}\right)\right]$$

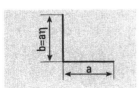

Figura 3
Seção de uma antena tendo o condutor em forma de "L"

quando

$\eta = 1$, $\rho \cong 0{,}393a$,
$\eta = 2$, $\rho \cong 0{,}603a$,
$\eta = 3$, $\rho \cong 0{,}826a$.

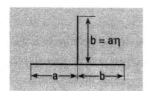

Figura 4
Seção do condutor em forma de "T"

Antena com perfil "T" (Fig. 4):

$$\rho \cong a^{4p} \cdot b^{p\eta^2} \cdot \left(a^2 + b^2\right)^{2p\eta} \cdot e^{\mu(\eta)}$$

$$p = \frac{1}{(2+\eta)^2}$$

$$\mu(\eta) = \frac{1}{(2+\eta)^2}\left[tg^{-1}(\eta) + \eta^2 tg^{-1}\left(\frac{1}{\eta}\right) - 6 - \right.$$

$$\left. -\frac{3}{2}\eta^2 - 6\eta + 4\log_e(2)\right]$$

quando

$\eta = 1,\ \rho \cong 0,42a;$
$\eta = 2,\ \rho \cong 0,568a;$
$\eta = 3,\ \rho \cong 0,759a.$

Antena com perfil "em cruz" (Fig. 5):

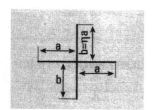

Figura 5
Condutor em forma de "cruz"

$$\rho \cong a^p \cdot b^{p\eta^2} \cdot \left(a^2 + b^2\right)^{p\eta} \cdot e^{\mu(\eta)}$$

$$p = \frac{1}{(1+\eta^2)}$$

$$\mu(\eta) = \frac{1}{2(1+\eta)^2}\left[2(1+\eta^2)\log_e 2 + 2\ tg^{-1}(\eta) + \right.$$

$$\left. + 2\eta^2\ tg^{-1}\left(\frac{1}{\eta}\right) - 3(1+\eta)^2\right]$$

quando

$\eta = 1,\ \rho \cong 0,556a,$
$\eta = 2,\ \rho \cong 0,887a,$
$\eta = 3,\ \rho \cong 1,274a.$

Antena com seção em "U" (Fig. 6):

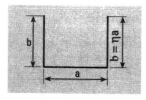

Figura 6
Condutor em forma de "U"

$$\rho \cong a^p \cdot b^{2p\eta^2}\left(a^2 + b^2\right)^{p\eta(\eta+2)} \cdot e^{\mu(\eta)}$$

$$p = \frac{1}{(1+2\eta)^2}$$

$$\mu(\eta) = \frac{1}{2(1+2\eta)^2}\left[4\ tg^{-1}(\eta) + 8\eta\ tg^{-1}\left(\frac{1}{\eta}\right) + \right.$$

$$\left. + 4\eta^2 tg^{-1}\left(\frac{1}{\eta}\right) - 3(1+2\eta)^2\right]$$

quando

$$\eta = 1, \rho \cong 0{,}556a,$$
$$\eta = 2, \rho \cong 0{,}842a,$$
$$\eta = 3, \rho \cong 1{,}088a.$$

Antena com perfil em "H" (Fig. 7):

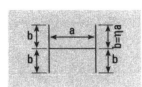

Figura 7
Condutor em forma de "H"

$$\rho \cong a^p \cdot b^{8p\eta}(a^2+b^2)^{4p\eta}(a^2+4b^2)^{4p\eta^2} \cdot e^{\mu(\eta)}$$

$$p = \frac{1}{(1+4\eta)^2}$$

$$\mu(\eta) = \frac{1}{2(1+4\eta)^2}\left[16\eta\ \mathrm{tg}^{-1}(2\eta) + 8\eta^2\ \mathrm{tg}^{-1}\left(\frac{1}{\eta}\right) + \right.$$
$$\left. +8\ \mathrm{tg}^{-1}(\eta) - 3(1+4\eta)^2 + 8\eta^2 \log_e 4 \right]$$

quando

$$\eta = 1, \rho \cong 0{,}738a,$$
$$\eta = 2, \rho \cong 1{,}191a,$$
$$\eta = 3, \rho \cong 1{,}638a.$$

Antena com seção em "chapéu" (Fig. 8)

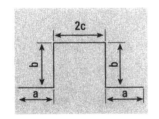

Figura 8
Antena com seção em forma de "chapéu"

$$\rho \cong e^\mu$$

$$\mu = \frac{1}{16(a+b+c)^2}\left\{-24a^2 - 24b^2 - 24c^2 + 4a^2 \log_e a^2 - \right.$$

$$-48ab - (8b^2 - 16c^2)\log_e(4c^2+b^2) + 32bc\ \mathrm{tg}^{-1}\left(\frac{b}{2c}\right) -$$

$$-48ac + 8a^2\ \mathrm{tg}^{-1}\left(\frac{b}{a}\right) + (8ab + 4b^2 - 4a^2)\log_e$$

$$(a^2 + 2b^2) - 48bc + (8b^2 - 16ab)\ \mathrm{tg}^{-1}\left(\frac{a}{b}\right) - 32bc\ \mathrm{tg}^{-1}\left(\frac{2c}{b}\right) +$$

$$16c^2 \log_e 4c^2 + (16a^2 + 32ac + 16c^2)\log_e(2a+2c) +$$

$$8(2c+a)^2\ \mathrm{tg}^{-1}\left(\frac{b}{2c+a}\right) - (32c^2 + 32ac + 8a^2)\log_e(2c+a) +$$

$$+8b(a+2c)\log_e\left[b^2 + (a+2c)^2\right] + (16ac + 16c^2 + 4a^2 - 4b^2)\log_e$$

$$\left[b^2 + (a+2c)^2\right] + 16ab\ \mathrm{tg}^{-1}\left(\frac{a+2c}{b}\right) + (32bc + 8b^2)\ \mathrm{tg}^{-1}\left(\frac{a+2c}{b}\right)\right\}$$

quando

$$a = b = c, \quad \rho \cong 1{,}10a,$$
$$a = b = 2c, \quad \rho \cong 0{,}81a.$$

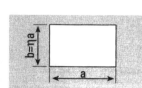

Figura 9
Antena com seção "retangular"

Antena com seção "retangular" (Fig. 9):

$$\rho \cong a^p \cdot b^{p\eta^2} \left(a^2 + b^2\right)^{(1/4 + p\eta)} \cdot e^{\mu(\eta)}$$

$$p = \frac{1}{2(1+\eta)^2}$$

$$\mu(\eta) = \frac{1}{4(1+\eta)^2} \left[4 \, \text{tg}^{-1}(\eta) + 4\eta^2 \, \text{tg}^{-1}\left(\frac{1}{\eta}\right) + 2\pi\eta - 6(1+\eta)^2 \right]$$

quando

$$\eta = 1, \ \rho \cong 0{,}634a,$$
$$\eta = 2, \ \rho \cong 0{,}917a,$$
$$\eta = 3, \ \rho \cong 1{,}166a.$$

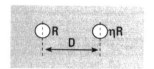

Figura 10
Antena com dois cilindros paralelos

Antena feita com dois cilindros paralelos (Fig. 10):

$$\rho \cong R^{\left[\frac{1+\eta^2}{(1+\eta)^2}\right]} \eta^{\left[\frac{\eta^2}{(1+\eta)^2}\right]} D^{\left[\frac{2\eta}{(1+\eta)^2}\right]}$$

quando

$$\eta = 1, \ \rho \cong \sqrt{RD}.$$

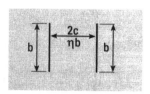

Figura 11
Antena com duas chapas paralelas, frente a frente

Antena feita com duas chapas paralelas, frente a frente (Fig. 11):

$$\rho \cong e^\mu$$

$$\mu = \frac{1}{16b^2}\left[-24b^2 + 4b^2 \log_e(b^2) + \right.$$

$$\left. + 4b^2 \log_e(4c^2 + b^2) + 32bc \, \text{tg}^{-1}\left(\frac{b}{2c}\right)\right]$$

quando

$$2c = b, \ \rho \cong 0{,}582b,$$
$$c = b, \ \rho \cong 0{,}888b,$$
$$c \gg b, \ \rho \cong 0{,}607\eta^{1/2}b.$$

Dipolos

Figura 12
Antena com duas
chapas paralelas

Antena feita com duas chapas paralelas (Fig. 12):

$$\rho \cong e^{\mu}$$

$$\mu = \frac{1}{16a^2}\left[-24a^2 + 4a^2\log_e(a^2) + 16c^2\log_e(2c) + \right.$$
$$+(16a^2 + 32ac + 16c^2)\log_e(2a+2c) -$$
$$\left. 32c^2\log_e(2c+a) - (32ac + 8a^2)\log_e(2c+a)\right]$$

quando

$$2c = a, \; \rho \cong 0661a,$$
$$c = a, \; \rho \cong 0,815a,$$
$$c \gg a, \; \rho \cong 0223\eta^{1/2}a.$$

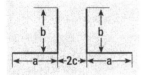

Figura 13
Seção reta de uma
antena feita com duas
cantoneiras "L", paralelas

Antena feita com duas chapas L paralelas (Fig. 13):

$$\rho \cong e^{\mu}$$

$$\mu = \frac{1}{16(a+b)^2}\left\{-24a^2 + 4a^2\log_e(a^2) + 16c^2\log_e(2c) + \right.$$
$$+(16a^2 + 32ac + 16c^2)\log_e[2(a+c)] - 24b^2 - 48ab -$$
$$-(32c^2 + 32ac + 8a^2)\log_e(2c+a) + 4b^2\log_e(b^2)$$
$$+4b^2\log_e(4c^2+b^2) + 32bc\,\text{tg}^{-1}\left(\frac{b}{2c}\right) - 32c^2\,\text{tg}^{-1}\left(\frac{b}{2c}\right) +$$
$$8ab\log_e(a^2+b^2) + 8a^2\,\text{tg}^{-1}\left(\frac{b}{a}\right) + 8b^2\,\text{tg}^{-1}\left(\frac{a}{b}\right) -$$
$$8b^2\,\text{tg}^{-1}\left(\frac{2c}{b}\right) - 16bc\log_e(4c^2+b^2) + 8ab\log_e$$
$$\left[(2c+a)^2 + b^2\right] + 16bc\log_e\left[(2c+a)^2 + b^2\right] +$$
$$\left. +8(2c+a)^2\,\text{tg}^{-1}\left(\frac{b}{2c+a}\right) + 8b^2\,\text{tg}^{-1}\left(\frac{a+2c}{b}\right)\right\}$$

quando

$$a = b, 2c = \eta a, \eta = 1, \; \rho \cong 0,806a,$$
$$\eta = 2, \; \rho \cong 0,990a,$$
$$\eta = 10, \; \rho \cong 1,725a.$$

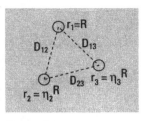

Figura 14
Seção reta de uma antena feita com três cilindros paralelos

Antena feita com três cilindros paralelos (Fig.14)

$$\rho = e^\mu$$

$$\mu = \frac{1}{(1+\eta_2+\eta_3)^2}\Big[\log_e R + \eta_2^2 \log_e(\eta_2 R) +$$
$$+\eta_3^2 \log_e(\eta_3 R) + 2\eta_2 \log_e(D_{12}) +$$
$$+2\eta_2\eta_3 \log_e(D_{23}) + 2\eta_3 \log_e(D_{31})\Big]$$

Se $D_{12} = D_{23} = D_{31} = D$.

$$\rho \cong \eta_2^{\left[\frac{\eta_2^2}{(1+\eta_2+\eta_3)^2}\right]} \eta_3^{\left[\frac{\eta_3^2}{(1+\eta_2+\eta^3)^2}\right]} D^{\left[\frac{2(\eta_2+\eta_3+\eta_2\eta_3)}{(1+\eta_2+\eta_3)^2}\right]} R^{\left[\frac{1+\eta_2^2+\eta_3^2}{(1+\eta_2+\eta_3)^2}\right]}$$

quando $\eta_2 = 1$, $\eta_3 = \eta$.

$$\rho \cong \eta^{\left[\frac{\eta^2}{(2+\eta)^2}\right]} D^{\left[\frac{2(1+2\eta)}{(2+\eta)^2}\right]} R^{\left[\frac{2+\eta^2}{(2+\eta)^2}\right]},$$

quando $r_1 = r_2 = r_3 = R$.

$$D_{12} = D_{23} = D_{31} = D,$$

$$\rho \cong (D^2 R)^{1/3}.$$

Bibliografia

1. Hallen, E., Theoretical Investigations into the Transmitting and Receiving Qualities of Antennae, *Nova Acta Regiae Soc. Sci. Upsaliensis*, Série IV, vol. II, n.º 4, 1938.

2. Uda Shintaro e Yasuto Mushiake, *Yagi-Uda Antenna*, Sasaki Printing and Publishing Co. Ltda., Sendai, Japão, 1954.

5 IMPEDÂNCIA DE ANTENAS

1 Introdução

A solução geral do problema da impedância de antenas é bastante complicada, sendo mesmo impossível de se atingir na maioria dos casos. Procura-se, por meio de modelos, chegar-se a aproximações cada vez melhores. Contudo, este problema pode ser contornado em termos de aplicação, tendo em vista a freqüência e as correspondentes dimensões das antenas.

A impedância é um parâmetro importante da antena, posto que ela deverá ser bem adaptada, seja a um transmissor, seja a um receptor, com suas respectivas impedâncias de saída e entrada já definidas. Em freqüências elevadas (VHF ou acima), as dimensões da antena já permitem que a questão de adaptação seja bastante minimizada, existindo sempre uma solução prática. O tipo de propagação aconselhado, por sua vez, sugere o uso de certo tipo de antena e isto (polarização) facilita a análise e permite que se faça um projeto razoável.

No caso das baixas freqüências, como em radiodifusão, as dimensões das antenas tornam o problema muito mais sério. Não se pode sair experimentado uma e outra antena, em face de seu custo elevadíssimo e de sua construção mecânica bastante complicada. Além disso, não se tem escolha quanto ao tipo de propagação. As qualidades elétricas dos materiais utilizados nem sempre são compatíveis com as exigências feitas em face das elevadas potências de RF que são produzidas. Assim, o problema de projetar uma antena com uma dada impedância ganha novo colorido em complicações que o tornam de solução difícil, além de aproximada.

O objetivo deste capítulo é, justamente, mostrar os ângulos de abordagem deste último problema: impedância de entrada de antenas para freqüências baixas, com especial referência para as antenas de radiodifusão, tratadas no final. Isto pode ser interpretado como aceitação do conselho dado por Schelkunoff e transcrito no Cap. I sobre "quanto se precisa para projetar uma antena". Neste caso, procura-se esclarecer tudo o que possa servir de dado para o projeto, tudo o que possa influir nos resultados, tudo o que possa ajudar a prever. E chega-se a um resultado teórico que pode não ser único, mas que serve como orientação mínima. Não se exija, pois, rigor no tratamento e sim o máximo rigor possível dentro das limitações próprias que o problema apresenta.

2 Impedância de base

Chama-se **impedância de base** de uma antena à impedância que ela apresenta à linha ou ao circuito de transmissão. O cálculo dessa impedância, geralmente, é muito complicado e difícil. Se a antena é um fio simples, esticado, ela pode ser assimilada a uma linha de transmissão carregada no ponto de I_{max} (ventre de corrente) pela resistência de irradiação. É claro que o método é aproximado, uma vez que todos os elementos da antena participam da irradiação, não havendo razão para que se suponha a resistência de irradiação *concentrada*, *localizada* num ponto bem definido como seria o terminal de alimentação.

Um método mais preciso consiste em determinar os campos E e H, em todos os pontos da antena, e integrá-los. Assim, torna-se possível calcular a potência total irradiada, a potência real e a potência reativa. Faz-se isto para cada ponto da antena e, por integração, obtêm-se a resistência e a reatância totais. Isto pressupõe o conhecimento do diagrama de irradiação da antena, o que, como ficou visto no Cap. II, só em casos especiais é verdadeiro.

Em alguns casos ideais, o cálculo pode ser feito, e os resultados concordam com o que é encontrado na prática. Mesmo assim, as equações são demasiado complicadas e trabalhosas e, no caso de se fazer esta operação matemática para uma faixa de freqüência (a largura de faixa da antena), a sua repetição representa um acréscimo substancial de trabalho, o que não torna o problema atraente. Acrescente-se a isso o fato de que tais cálculos levam consigo ainda um certo grau de aproximação, uma determinada margem de erro aceita previamente como boa.

Como as antenas utilizadas em sistemas de comunicações apresentam uma faixa de utilização um pouco larga, nunca inferior a 5%, e como seus formatos são variados, bem diferentes da antena ideal, isto contribui para aumentar a complexidade do problema, conferindo à solução do mesmo um grau enorme de dificuldade, ou mesmo de impossibilidade. Por causa disto é que pode ser mais aconselhável projetar-se a experiência com modelos e "descobrir" o valor da impedância: é mais rápido e mais barato.

No caso das antenas de grande porte, as que mais interessam tratar aqui, é preciso ressaltar ainda que a impedância na base vai depender dos objetos circundantes que irão afetar diferentemente seu valor ao longo da faixa. Isto se observa, por exemplo, nas redes de antenas idênticas: as impedâncias mútuas se somam às impedâncias próprias, de tal modo que duas antenas idênticas que ocupem posições diferentes na fase na rede apresentam impedâncias diferentes. Vê-se, pois, que o problema não é fácil.

O objetivo visado no trabalho de antenas é tornar a impedância de entrada (ou impedância na base) resistiva, ou praticamente resistiva, e casá-la com uma linha de transmissão. Como isto vai depender das características geométricas da antena, é necessário fazer-se uma apreciação sobre a influência dessa geometria na impedância.

3 Impedância característica de antenas bicônicas e cilíndricas

As antenas comuns possuem certas propriedades das linhas de transmissão a que estão ligadas. Demonstra-se que as antenas cilíndricas são caso particular de antenas bicônicas, quando o ângulo de conicidade tende a zero, e as bicônicas, por sua vez, têm explicação teórica muito semelhante às linhas de transmissão comuns. Dessa forma, elas agem também como guias para TEM, do mesmo modo que as linhas. Como é de se esperar, portanto, devem apresentar impedância característica, diferente da que foi identificada como sendo a sua impedância de entrada, cujo valor dependia, essencialmente, do ponto de alimentação.

Dada uma determinada antena com um comprimento estabelecido, a Z_{in} pode variar ao longo da antena. Porém, esta antena apresenta ao modo TEM uma impedância constante, Z_0, que depende apenas da sua geometria. Mais adiante ver-se-á que há uma relação entre Z_{in} e Z_0, de tal modo que, em certos tipos de antena, uma se confunde com a outra em valor. Ao se tratar de antenas longas, não-ressonantes, antenas de ondas progressivas, a coincidência é quase total.

Segundo Schelkunoff, "a impedância de entrada de uma antena contém um parâmetro importante, análogo à impedância característica de uma linha de transmissão. O valor desse parâmetro depende, entretanto, do método de análise, tal como no caso das equações integrais que dependem de como a análise é conduzida". Segue o autor justificando essa afirmativa, dizendo ser "devida às dificuldades analíticas", o fato de não se ter podido "obter fórmulas exatas, a não ser para condutores esferoidais que não têm muita aplicação prática". "No caso da teoria dos modos", continua o mesmo autor, "a impedância característica de uma antena é a impedância do modo principal, ou TEM". Para uma antena bicônica, a impedância característica é constante ao longo dela.

Mostra-se que uma linha de transmissão formada por dois cones coaxiais, infinitamente longos e com vértice comum, é uma linha uniforme e que a relação entre a corrente e a tensão ao longo da linha permanece constante, isto é, não depende do raio r da base do cone (a tensão V é aplicada no intervalo infinitesimal entre os vértices dos cones).

A teoria de linhas de transmissão permite que se chegue a uma solução geral, mesmo para o caso de um cone de comprimento finito. Além disso, uma tal estrutura pode suportar ondas TEM, da mesma forma que modos de propagação mais elevados. Observando-se a Fig. 5.1 chega-se à seguinte expressão para a impedância característica de uma *linha bicônica*:

$$Z_0 = 120 \log_e \cotg \frac{\theta}{2} \qquad (5.1)$$

Pelo fato de as configurações dos campos elétricos e magnéticos serem as mesmas que para o caso estacionário, o mesmo resultado é obtido diretamente, empregando-se a capacitância por unidade de comprimento:

$$Z_0 = \sqrt{\frac{L}{C}} = \frac{1}{cC}$$

onde
$$C = \frac{\pi \varepsilon}{\log_e \cotg \frac{\theta}{2}}$$

$$\frac{1}{\sqrt{LC}} = c = \frac{1}{\sqrt{\mu_0 \varepsilon 0}} = 3 \cdot 10^8 \, m/s$$

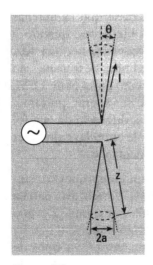

Figura 5.1

No caso de antenas finas, quando θ pode ser considerado muito pequeno, a impedância característica é dada, com boa aproximação, por

$$Z_0 = 120\log_e\left(\frac{2}{\theta}\right) = 120\log_e\left(\frac{2z}{a}\right)$$

onde se tem

z = distância ao vértice,
a = raio da base do cone,

pois

$$\cotg\frac{\theta}{2} \cong \frac{2}{\theta}$$

A Fig. 5.2 ajuda a compreensão do problema da passagem da antena bicônica para bicilíndrica.

Ao se tratar da antena cilíndrica de modo semelhante à bicônica, é preciso reconhecer que a correspondente antena bicilíndrica apresentará os parâmetros distribuídos de uma maneira não-uniforme, isto é, terá capacitância unitária que é variável ao longo da antena, e, portanto, implicará uma impedância característica que deverá também ser variável. Entretanto, para antenas finas, os elementos dz podem ser considerados como elementos de uma bicônica cujo ângulo de conicidade seja dado por $q = a/z$, no qual a é o raio da seção reta do cilindro e z, distância desta seção reta ao vértice. Neste caso, a impedância *característica a essa distância z* será dada por

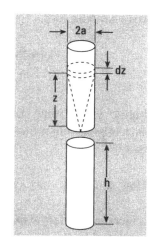

Figura 5.2

$$Z_0(z) = 120\log_e\left(\frac{2}{\theta}\right) = 120\log_e\left(\frac{2z}{a}\right) \quad (5.2)$$

O que se conclui dessas considerações é que a impedância característica varia um pouco ao longo da antena, desde que seu valor é função de z. Se se tiver uma antena alimentada em seu centro de simetria (um dipolo, por exemplo) cujo comprimento total seja $2h$, é possível definir-se uma impedância característica média, que é dada por

$$Z_0(\text{média}) = \frac{1}{h}\int_0^h Z_0(z)dz$$

Daí resulta

$$Z_0(média) = \frac{1}{h}\int_0^h 120\log_e\left(\frac{2z}{a}\right)dz = 120\log_e\left[\frac{2h}{a}\right] \quad (5.3)$$

4 Impedâncias características de antenas de outros formatos

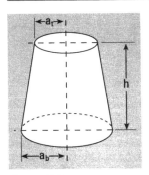

Figura 5.3

Se uma dada antena tiver geometria que permita ser ela assimilada a um tronco de cone, ainda é possível calcular-se a impedância característica média.

Segundo as indicações da Fig. 5.3, tem-se

$$Z_0(média) = 120\log_e \frac{2h}{a_b} + \frac{a_t}{a_b - a_t} \cdot \log_e \frac{a_t}{a_b} \qquad (5.4)$$

em que a_t e a_b são os raios das seções superior e inferior, do tronco de cone de altura h.

Se a antena apresentar um formato esferoidal, conforme sugere a Fig. 5.4, o valor da impedância caraterística média será

$$Z_0(média) = 120\log_e \frac{h}{a} \qquad (5.5)$$

onde a é raio da base e h a sua altura.

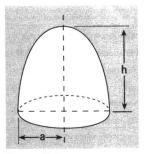

Figura 5.4

Se os ramos da antena formam um ângulo ψ, diferente de 180°, como foi suposto nas expressões acima, a impedância característica média passa a ser dada pela expressão

$$Z_0(h,\psi) = Z_0(média)(h,\pi) + 120\log_e \operatorname{sen}\frac{1}{2}\psi \qquad (5.6)$$

Os valores de Z_0 (média) para as antenas bicônicas, esferoidais e cilíndricas são indicados nas Fig. 5.5. A curva para as antenas cilíndricas pode ser usada para antenas de outras formas, desde que a seja interpretado como média logarítmica dos raios:

$$\log a = \frac{1}{h}\int_0^h \log_e(z)dz \qquad (5.7)$$

Em seguida, são dados alguns valores representativos para Z_0 (média) para o caso de antenas cilíndricas:

$\frac{h}{2a}$	10	50	100	200	300	600	1 000	10 000
Z_0 (média)	323	516	599	682	731	814	875	1 152

Praticamente é difícil obter valores de impedância características superiores a 1.300 Ω. A impedância tal como foi definida acima deve ser usada em fórmulas de impedância de entrada de antenas que são deduzidas a partir da teoria de modos, desde que

Impedância de antenas

Figura 5.5 Impedância característica de três tipos de antenas em função do diâmetro: (1) antena bicônica; (2) antena esferoidal; (3) antena cilíndrica.

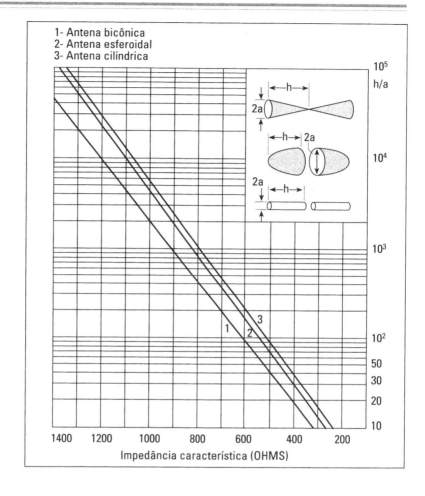

o comprimento da antena não ultrapasse dois comprimentos de onda ($2h = 2\lambda$).

No caso de antenas rômbicas, cuja estrutura é muito grande em termos de comprimento de onda, a impedância característica é aproximadamente igual à impedância de entrada de duas linhas infinitas e divergentes, cuja expressão é a seguinte:

$$Z_{i,\infty} = 120 \left(\log \frac{\lambda}{2\pi a} - 0,60 + \log \operatorname{sen} \frac{\psi}{2} \right) - j170 \quad (5.8)$$

em que ψ é o ângulo entre os fios. A Fig. 5.5 mostra a componente real desta impedância no caso de $\psi = 180°$.

Note-se que, para a obtenção da equação (5.8), considerou-se que a distância entre os terminais não é pequena, comparada com o raio do condutor, nem mesmo que os terminais fossem afinados (cônicos).

5 Valores equivalentes de L_a, C_a e Q, em termos de Z_0 (média)

Pela impedância característica média de uma antena, é possível obterem-se os valores R, L, C do circuito equivalente de uma antena. É claro que os valores serão aproximados, muitas vezes grosseiramente. Para isto é necessário determinar o Q da antena, por uma comparação com a linha de transmissão. Assim, no estudo das linhas de perdas baixas, foi visto que

$$Q = \frac{wL}{R} = \frac{wZ_0}{Rc} = \frac{2\pi Z_0}{\lambda R} \tag{5.9}$$

em que R, L, C são respectivamente a resistência, a indutância e a capacitância, por unidade de comprimento da linha, e

$$Z_0 \cong \sqrt{L/C} \quad \text{e} \quad c \cong 1/\sqrt{LC} = 1/\sqrt{\mu_0 \varepsilon_0}$$

Se a linha for aberta e tiver um comprimento de um quarto de onda ($h = \lambda/4$), a impedância de entrada será uma resistência pura dada por

$$R_{in} = \frac{Rh}{2} = \frac{R\lambda}{8}$$

sendo esta R_{in} corresponde a R_a, parte resistiva da impedância da antena. Seria a "resistência da antena", ou a resistência da irradiação da antena:

$$\frac{R\lambda}{8} = R_a \cong R_r \tag{5.10}$$

Recorrendo a uma representação de circuito equivalente da antena com parâmetros concentrados, como se fosse um trecho de linha de transmissão, tem-se

$$Q_0 = \frac{w_r L_a}{R_a}$$

Daí se obtém

$$w_r L_a = R_a Q_0 = \frac{R\lambda}{8} \cdot \frac{2\pi Z_0}{R} = \frac{\pi Z_0}{4}$$

Então conclui-se que

$$w_r C_a = \frac{4}{\pi Z_0}$$

e, portanto,

$$L_a = \frac{Z_0}{8f_r} \tag{5.11}$$

$$C_a = \frac{Z_0}{\pi^2 f_r Z_0} \tag{5.12}$$

$$Q_0 = \frac{\pi Z_0}{4R_a} \tag{5.13}$$

onde

f_r = freqüência de ressonância.

Nestas expressões, a resistência da antena pode ser assimilada à resistência da irradiação, no caso de freqüências elevadas, e seu valor poderá ser encontrado no gráfico 4.3. Evidentemente, dadas as aproximações feitas, os cálculos que forem baseados nas equações acima serão apenas aproximados, e em geral dão valores tão bons, que emprestam à antena um grau de qualidade que ela não tem, na realidade. É que as bases do problema prático não puderam ser absorvidas totalmente pela teoria.

Vale a pena observar que o Q_0 acima deduzido pressupõe a antena sem carga. Se ela estiver adaptada a uma carga, em condições de casamento, o verdadeiro Q do circuito será a metade do que indicado, isto é,

$$Q = \frac{Q_0}{2} \tag{5.14}$$

As considerações sobre a largura de faixa devem levar em conta esse Q da antena adaptada a uma carga.

O conhecimento da impedância característica permite que se chegue à impedância de entrada Z_{in}, e ainda que se aborde o problema da distribuição de correntes na antena, bem como que se estime o efeito do "encurtamento", já referido no Cap. IV, conhecido como "efeito dos terminais". Para mais detalhes, deve-se consultar a bibliografia mencionada ao final deste capítulo.

6 Impedância de entrada de antena

Considerando uma distribuição senoidal de corrente, a potência irradiada pode ser calculada de maneira relativamente simples, e é possível deduzirem-se expressões aproximadas para a **impedância de entrada**, quando se tratar de antenas finas.

Nos casos de antenas grossas, como as torres de radiodifusão, especialmente quando alimentadas num nó de corrente, cai por terra a consideração de distribuição senoidal. Nestes problemas não há solução rigorosa. O engenheiro procura, então, uma hipótese em que possa se basear, para obter uma solução, ou antes uma resposta por via teórica de seu problema prático. Devido ao fato de a impedância de entrada de uma antena variar de modo similar ao da impedância de entrada de uma linha de transmissão aberta, é lícito supor válido para a antena o tratamento dado às linhas abertas "para fora". Esse modo de ataque tem vantagem de proporcionar uma ferramenta que já é do conhecimento geral, embora os seus resultados sejam aproximados, como é de se esperar.

Os problemas de antenas cilíndricas foram resolvidos depois de uma série de estudos complicados, que resultaram numa série de curvas a que se recorre para se resolverem os problemas que surgirem na prática. Contudo, muitas vezes, é conveniente se dispor de uma expressão analítica simples que dê uma ordem de grandeza ou um valor aproximado da impedância de entrada, assim como a distribuição de correntes.

Os estudos mais extensos foram desenvolvidos por Siegel e Labus, em seu trabalho *Mathematical Calculations of the Impedance of Antennas,* publicado em 1933, na Alemanha. Seus resultados foram usados por vários anos nos cálculos de antenas de radiofusão. O método trata a antena como uma linha aberta na extremidade.

Uma antena difere de uma linha de transmissão em dois aspectos importantes:

a)   uma antena **irradia** energia, enquanto esse fenômeno é desprezível numa linha de transmissão;

b)   a teoria de linha de transmissão comum trata de linha ***uniforme***, para a qual L, C e Z_0 são constantes ao longo da linha (exceto muito perto das extremidades); para a linha não uniforme, que representa a antena, L, C e Z_0 variam ao longo da linha e é preciso definir-se o significado desta variação nessas condições.

Siegel e Labus consideraram que a potência irradiada pode ser abordada pela introdução de uma igual quantidade de perda ôhmica distribuída ao longo da linha de transmissão. Conhecendo-se estas perdas, pode-se calcular um fator de atenuação e este fator pode ser usado para dar uma aproximação de distribuição de corrente. Além disso, a impedância característica variável da antena pode ser substituída pelo valor médio. Pelo fato de o valor de Z_0 (média) dar uma idéia muito vaga da Z_{in}, desenvolveu-se um consi-

Impedância de antenas

derável esforço para obtenção de uma expressão verdadeiramente significativa de Z_0. Nisto se constitui, principalmente, o trabalho de Siegel e Labus.

As. Figs. 5.6(a), (c) e (d) mostram que tratar de uma antena de quarto de onda sobre um refletor perfeito é equivalente a tratar do dipolo de meia onda no espaço livre. Apenas os valores do monopolo, de impedância, de distribuição de corrente, etc. ficam divididos por dois, em relação aos do dipolo de meia onda.

O primeiro passo, pois, consiste em se encontrar uma expressão para valor médio da impedância característica Z_0 (média). Anteriormente, viu-se, por considerações muito simples, uma expressão para a impedância característica média. Siegel e Labus deduziram uma outra expressão para essa impedância. Definiram a Z_0 (média) em função de valor $Z_0(z)$, para cada ponto ao longo da antena, ou seja,

$$Z_0(\text{média}) = \frac{1}{h} \int_0^h Z_0(z)dz$$

As expressões finais obtidas para Z_0 (média) foram as seguintes;

a) para antena alimentada no centro, tendo um comprimento $2h$ [Fig. 5.6(c)]:

$$Z_0(\text{média}) = 120\left(\log_e \frac{h}{a} - 1 - \frac{1}{2}\log_e \frac{2h}{\lambda}\right) \Omega w \quad (5.15)$$

b) para uma antena de altura h sobre um refletor perfeito [Fig. 5,6(d)]:

$$Z_0(\text{média}) = 60\left(\log_e \frac{h}{a} - 1 - \frac{1}{2}\log_e \frac{2h}{\lambda}\right) \Omega \quad (5.16)$$

Para o caso especial em que h é um quarto de onda, vamos encontrar

c) para dipolo:

$$Z_0(\text{média}) = 120\left(\log_e \frac{h}{a} - 0,65\right) \quad (5.17)$$

d) para antena de quarto de onda:

$$Z_0(\text{média}) = 60\left(\log_e \frac{h}{a} - 0,65\right) \quad (5.18)$$

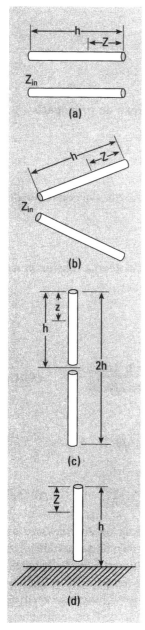

Figura 5.6

Ora, tendo-se o valor de Z_0 (média), as expressões para a tensão e a corrente e a impedância de entrada podem ser escritas, a partir da teoria de linha de transmissão. Assim, para a linha aberta, tem-se

$$V_z = V_R \cosh \gamma z$$

$$I_z = \frac{V_R}{Z_0(\text{média})} \text{ senh } \gamma z$$

$$Z_z = \frac{V_z}{I_z} = Z_0(\text{média}) \coth \gamma z$$

$$Z_{in} = Z_0(\text{média}) \coth \gamma h$$

Nestas expressões, a constante complexa de propagação, g, tem a sua parte imaginária,

$$\beta = \frac{2\pi}{\lambda}$$

que é a constante de fase, e a sua parte real, a, que é a constante de atenuação, ou seja,

$$\gamma = \alpha + j\beta$$

Igualando a potência irradiada com a potência dissipada na linha, resulta (1)

$$\alpha h = \frac{R'_r}{Z_0(\text{média})}$$

$$Z_{in} = Z_0(\text{média}) \left(\frac{\text{senh } 2\alpha h - j \text{ sen } 2\beta h}{\cosh 2\alpha h - \cos 2\beta h} \right) \tag{5.19}$$

$$R_{in} = \frac{Z_0(\text{média})}{2} \left(\frac{\text{senh } 2\alpha h}{\cosh^2 \alpha h - \cos^2 \beta h} \right) \tag{5.20}$$

$$X_{in} = \frac{Z_0(\text{média})}{2} \left(\frac{-\text{sen } 2\beta h}{\cosh^2 \alpha h - \cos^2 \beta h} \right) \tag{5.21}$$

A equação (5.21) indica que a reatância da antena deve se anular para comprimentos de linha de quarto de onda ou múltiplos desse valor. Contudo, a experiência mostra que isto não é verdadeiro, e que os zeros de reatância ocorrem para comprimentos ligeiramente menores que o quarto de onda, fato que também se verifica nas linhas de transmissão. Há um decréscimo de L e um aumento de C, nas proximidades dos terminais. Isto implica um decréscimo de Z e um aumento de corrente nos terminais. Há uma relação entre esse encurtamento físico e o valor da impedância característica, e assim pode-se afirmar que é maior nas antenas de baixo Z_0 (antenas de grande seção reta, como as de radiodifusão).

Siegel investigou esse efeito dos terminais, tanto nas antenas como nas linhas de transmissão e elaborou a tabela que se segue em que os comprimentos são dados em termos de λ. A tabela mostra em quanto por cento o comprimento elétrico excede o comprimento físico, para dois tipos de antenas comumente usados. Como 5% é um número expressivo para as antenas de tipo torre, deve-se adotar esse valor para seu encurtamento físico.

	% de aumento de comprimento elétrico sobre o físico	
h / λ	Antena de torre Z_0 (média) = 220	Antena de fio Z_0 (média) = 500
1/4	5,4	4,5
3/8	5,3	4,3
1/2	5,2	2,2
0,59	5,1	1,9

Na prática, foram feitas medidas e mais medidas de vários tipos de antenas, com o fito de testar o método de Siegel e Labus. Eles mesmos tiveram tal preocupação. Assim, para o caso de dipolos horizontais elevados, a concordância foi muito boa. Entretanto, para antenas tipo *ground-plane*, os valores calculados eram maiores que os medidos. Tais diferenças podem ser explicadas pelas dificuldades que se têm ao encarar, na teoria, todos os fatores que influenciam uma medida na prática. Depois disso, Schelkunoff e Hallen demostraram que o método apresenta bons resultados, quando corrigidos para levar em conta alguns fatores visíveis, tais como a capacitância da base.

7 Impedância modificada

É natural perguntar qual ordem de concordância pode ser esperada entre as impedâncias medidas e as impedâncias calculadas por esta representação simplificada. Siegel e Labus compararam impedâncias medidas e calculadas para dipolos elevados e, em geral, obtiveram uma boa concordância. Entretanto, quando as medidas se referiam a antenas do tipo plano de terra de grande porte (torre), encontrou-se considerável diferença entre os valores calculados e medidos. Em geral, os valores calculados por este método eram maiores que medidos. Morison e Smith fizeram um estudo exaustivo com torre de 400 pés de altura (120 metros), de seção uniforme, e compararam com os resultados previstos por este método. Foi constatado que, se os terminais de alimentação da antena estivessem em paralelo, com uma capacitância de 200 pF, e em série, com uma indutância de 6,8 μH (presumivelmente para compensar a capacitância da base e a condutividade finita da terra), a *impedância modificada*, que daí resultasse, apresentava concordância muito boa com valores agora calculados, numa faixa de freqüências de 3 para 1.

Todavia, a justificação teórica para tal procedimento pode ser criticada, mas o fato é que isto dá resultados utilizáveis. Entretanto, deve-se lembrar que, a menos da precisão exigida em resultados teóricos, alguma modificação sempre será considerada, por causa das diferenças que existem entre a configuração ideal, sobre a qual são feitos os cálculos, e a configuração verdadeira, sobre a qual são feitas as medidas. Entretanto, é significativo que as respostas dadas por este método, conforme verificação de Schelkunoff e Hallen, mostraram uma boa concordância com os valores medidos, desde que corrigidos apenas para influências de instalação.

8 Impedância de entrada — método de Schelkunoff

Vamos agora restringir os cones da linha da Fig. 5.1 às distâncias h medidas sobre o eixo z a partir do centro, de maneira que a linha bicônica fique truncada, deixando, portanto, de ser infinita para constituir um *dipolo bicônico*. Mantidas as analogias com uma linha bifilar, isto apareceria *a priori* como um circuito aberto, o que porém só é aproximadamente válido para cones muito pequenos, ou seja, para $\theta \rightarrow 0$. No caso geral, a descontinuidade criada com o truncamento da linha bicônica pode ser representada em termos de efeito global por uma impedância equivalente nos terminais, ou melhor, na esfera terminal da linha bicônica; e, assim, mantida a hipótese anterior de condutores perfeitos, a impedância de entrada da linha truncada vale

$$Z_e = Z_0 \frac{Z_L + jZ_0 \, \text{tg}(\beta h)}{Z_0 + jZ_L \, \text{tg}(\beta h)}$$

Em outras palavras, a impedância de entrada da antena bicônica é dada pela impedância Z_L transferida sobre uma linha de impedância característica Z_0 expressa pela equação (5.1) e de comprimento h, e dessa forma o problema fica restrito à determinada de Z_L.

A solução deste problema foi dada por Schelkunoff e é aqui apresentada nas curvas da Fig. 5.7 que nos mostram, respectivamente, as partes resistiva e reativa de Z_e, em função do semicomprimento elétrico do dipolo, h/λ. Em termos simples, o método para se determinar Z_L consiste em se calcular primeiramente a impedância Z_m da linha num ponto de corrente máxima, o que foi feito para o caso de cones muito finos e assumindo distribuição senoidal de corrente. Como tal impedância ocorre a $\lambda/4$ das extremidades, Z_L fica determinada por transformação de Z_m através de um trecho de linha de comprimento $\lambda/4$.

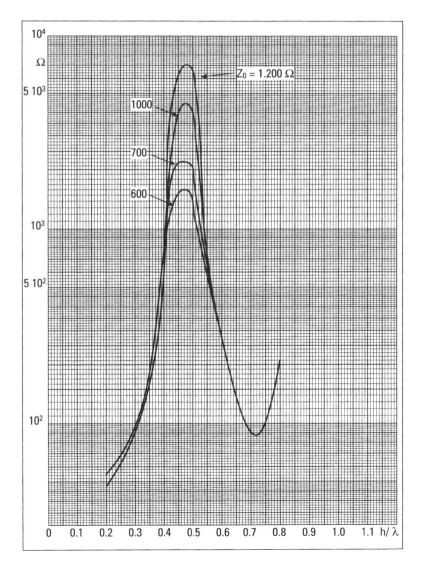

Figura 5.7.a
Resistência de entrada de antenas bicônicas segundo Schelkunoff (h = semicomprimento).

Os valores de Z_0 nas curvas da Fig. 5.7 correspondem aos seguintes ângulos totais dos cones:

Zo (Ω)	$2\theta_h$ (graus)
1200	0,01
1000	0,06
700	1,67
600	1,54

A observação de todos esses resultados da teoria de Schelkunoff permite-nos algumas importantes conclusões:

a) a resistência de entrada nas vizinhanças da primeira ressonância aproxima-se do valor 73 Ω do dipolo linear de meia onda, qualquer que seja a abertura θ_h do cone;

b) as ressonâncias ocorrrem para antenas levemente menores que múltiplos inteiros de $\lambda/2$;

c) as ressonâncias são mais agudas para valores altos de Z_0, mostrando assim impedâncias de entrada com maior variação para cones estreitos, o que implica maior largura de faixa para antenas de cones mais grossos;

Figura 5.7.b
Reatância de entrada de antenas bicônicas segundo Schelkunoff (h = semicomprimento).

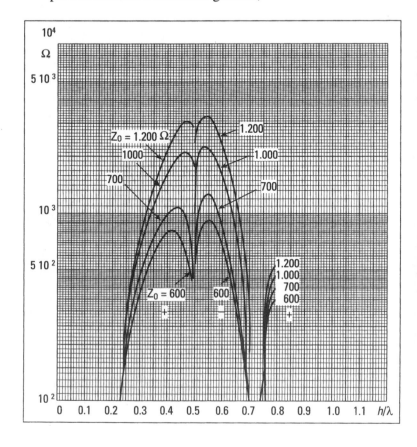

d) o dipolo bicônico com $Z_0 = \infty$ ou $\theta_h = 0$ corresponde ao dipolo linear infinitamente fino.

Os campos distantes irradiados por um dipolo bicônico fino são sensivelmente iguais aos correspondentes do dipolo linear fino, como é de se esperar, de maneira que as equações (4.11) são ainda válidas para o caso bicônico.

DIPOLOS CILÍNDRICOS

Os resultados da teoria da antena bicônica são extensivos a antenas de outras formas, das quais nos interessa particularmente a cilíndrica. Como primeira aproximação, as curvas anteriores podem ser utilizadas definindo-se uma impedância característica média para o dipolo cilíndrico (ver Fig. 5.2) pela expressão:

$$Z_0 \text{ média} = \frac{1}{h} \int_0^h Z_0(r) \, dr$$

pois a cada ponto da superfície do cilindro corresponderá agora um valor diferente de θ_h.

Outra possibilidade é dada pela aplicação da teoria de linhas não uniformes para transferir a impedância equivalente à entrada da linha, condição na qual foram calculadas as curvas da Fig. 5.8.

Todas as conclusões de a) a d) continuam válidas para este caso, somente considerando-se a passagem de "cone estreito" para "cilindro estreito" ($a \ll h$). Observamos novamente a ocorrência da primeira ressonância para h um pouco abaixo de $\lambda/4$, de maneira que o dipolo ressonante será levemente menor que o de meia onda. Isto costuma ser usualmente colocado na prática sob a forma de um fator de encurtamento sobre o dipolo de meia onda, que é diretamente determinado a partir das curvas da Fig. 5.8 e que já foi visto na Fig. 4.3.

Os valores experimentais de impedância de entrada de dipolos cilíndricos mostram boa concordância com aqueles calculados pela teoria já apresentada, mesmo para antenas grossas com relação $h/a = 15$. Essa concordância é encontrada principalmente na parte resistiva. Quanto à parte reativa, os resultados deixam algo a desejar, devendo-se os desvios em grande parte às capacitâncias terminais (no ponto de alimentação), que não são levadas em conta na teoria.

Figura 5.8
Resistência e reatância de entrada de dipolos cilíndricos (calculados pelo método da antena bicônica de Schelkunoff).

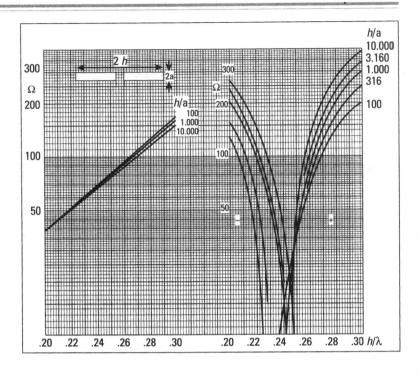

Exercícios Resolvidos

1. Determinar o valor aproximado da impedância de entrada de um dipolo de 0,92 λ, feito de tubo cilíndrico, com diâmetro de 20 mm. A freqüência é de 150 MHz.

   Solução

   A impedância característica média é dada pela equação (5.15):

   $Z_0(\text{média}) = 432\Omega$

   Com o valor de resistência de irradiação dado pela Fig. (4.4), resulta

   $$\alpha h = \frac{R_r}{Z_0(\text{média})} = 0,489$$

   Como $\beta h \cong \pi$, fica, pela equação (5.20):

   $Z_{in} \cong R_{in} = 994\Omega$

2. Considere uma antena composta de dois tubos de alumínio de diâmetro 5mm, comprimento total 600 mm, formado assim um dipolo, alimentada por um gerador casado por meio de uma linha de transmissão, na freqüência de 300 MHz. Calcule o valor aproximado da impedância de entrada desta antena.

Solução

$$\frac{h}{\lambda} = \frac{0,3}{1} = 0,3$$

$$\frac{h}{a} = \frac{600}{5} = 120$$

Usando as curvas da Fig. 5.8, obtemos aproximadamente

$$Z_e = 170 + j\ 200$$

Bibliografia

1. Jordan, E.C. e Balmain, K.G., *Ondas Eletromagnéticas y Sistemas Radiantes*, 2ª ed., Prentice-Hall, Madrid, 1978.

2. Schelkunoff, S. A. e Friis , H. T., *Antenas Theory and Practice*, J. Wiley, New York, 1952.

2. Kraus, J. D., *Antenas*, McGraw-Hill, New York, 1950.

6 IMPEDÂNCIA PRÓPRIA E IMPEDÂNCIA MÚTUA EM ANTENAS

1 Impedância mútua

O estudo dos efeitos causados pela proximidade de duas antenas, ou ainda, de uma antena e outra estrutura qualquer, é de grande interesse e encontra aplicação em análise de redes de antenas e de instalação. Quando duas antenas estão próximas (em termos de comprimento de onda) uma da outra, suas características elétricas originais ficam alteradas por acoplamento mútuo, pois a corrente em uma delas depende do campo irradiado pela outra e vice-versa. Da mesma forma, uma antena não excitada diretamente por alguma fonte pode suportar uma corrente, se estiver no campo de influência de uma outra antena "ativa", de maneira que o diagrama de irradiação será o resultado dos efeitos das duas correntes.

Portanto, a impedância de entrada de uma antena passa a depender também dos efeitos mútuos. Veremos, ao longo do texto, que ela será expressa em termos de uma **impedância própria**, característica da antena situada no espaço livre, e de uma **impedância mútua**. Para duas antenas, esta última é definida pela relação entre a tensão induzida nos terminais de uma delas e a corrente na entrada da outra.

Vamos agora deduzir uma expressão que permita a cálculo da impedância mútua entre um par de dipolos. Consideremos que o primeiro dipolo (dipolo 1) seja excitado por um gerador de corrente $\mathbf{J}_1$ nos seus terminais, produzindo um campo $\mathbf{E}_1$, $\mathbf{H}_1$; e, de maneira análoga, consideremos $\mathbf{J}_2$, $\mathbf{E}_2$ e $\mathbf{H}_2$ para o dipolo 2. Por conveniência, vamos tomar como fonte, nesse último caso, não a corrente imposta $\mathbf{J}_2$, mas a corrente induzida no dipolo, que chamaremos $\mathbf{J}_{i2}$. Dessa maneira, os campos $\mathbf{E}_{21}$ e $\mathbf{H}_{21}$, produzidos pelo dipolo 1, serão, na antena 2, campos no espaço livre, pois a antena 2 com sua fonte $\mathbf{J}_2$ foi substituída[*], para todos os efeitos, pela fonte $\mathbf{J}_{i2}$. Nessas condições, o teorema da reciprocidade, aplicado ao conjunto de fontes assim estabelecido, resulta

$$\int_V \mathbf{E}_{12} \cdot \mathbf{J}_1 dv = \int_V \mathbf{E}_{21} \cdot \mathbf{J}_{i2} dv \tag{6.1}$$

onde $\mathbf{E}_{12}$ é o campo produzido por $\mathbf{J}_1$, na região da antena 1, e $\mathbf{E}_{21}$ é o campo produzido por $\mathbf{J}_1$, na região da antena 2.

A diferença de potencial entre os terminais t_1 e t_2 do dipolo 1 produzida pelo campo do dipolo 2 vale

$$V_{12} = \int_{t_1}^{t_2} \mathbf{E}_{12} \cdot \mathbf{dl}$$

Por outro lado, a corrente imposta nos terminais do mesmo dipolo é

$$I_1 = \iint \mathbf{J}_1 \cdot \mathbf{dS}$$

donde

$$\int_V \mathbf{E}_{12} \cdot \mathbf{J}_1 dv = I_1 V_{12}$$

Levando em conta a definição de impedância mútua

$$Z_{21} = -\frac{V_{12}}{I_2}$$

resulta, usando-se a equação (6.1),

$$Z_{21} = -\frac{1}{I_1 I_2} \int_V \mathbf{E}_{21} \cdot \mathbf{J}_{i2} dv \tag{6.2}$$

onde $\mathbf{E}_{21}$ é o campo produzido pela antena 1, no espaço livre, ou seja, removendo-se o metal da antena 2; $\mathbf{J}_{i2}$ é a distribuição de corrente na antena 2 e I_1 e I_2 as respectivas correntes nos terminais das duas antenas.

O teorema da reciprocidade afirma, em última análise, que, nas condições estabelecidas, as fontes podem ser intercambiadas

---

[*] Na verdade, esse procedimento pressupõe uma aproximação. Um tratamento mais completo pode ser visto em Weeks (referência 5).

sem que haja alteração nos efeitos; e assim a impedância mútua Z_{12} resulta

$$Z_{12} = -\frac{V_{21}}{I_1} = -\frac{V_{12}}{I_2} = Z_{21}$$

Vamos aplicar a equação (6.2) para um caso simples, a fim de ilustrar o problema. Considerando dois dipolos curtos com correntes constantes unitárias e dirigidos segundo z, resulta

$$Z_{21} = -\int E_{21} dz$$

Esse valor pode ser, agora, obtido sem muita dificuldade, pois E_{21} é o campo produzido por um elemento de corrente, dado pela equação (2.18).

No caso mais geral de dipolos de comprimento qualquer, a impedância mútua é determinada assumindo-se distribuição senoidal de corrente nos dipolos. Não obstante, como será mostrado a seguir, o cálculo da integral é bastante trabalhoso, já que os resultados dependem dos comprimentos dos dipolos assim como da orientação no espaço.

Para dois dipolos paralelos, os vetores da equação (6.2) têm a mesma direção e sentido. Admitindo distribuição senoidal de corrente dada por

$$J_{i2} = I_2 \text{ sen } \beta z \tag{6.3}$$

resulta, então,

$$Z_{21} = -\frac{1}{I_1} \int_0^L E_{21} \text{ sen } \beta z \, dz \tag{6.4}$$

sendo L o comprimento total do dipolo.

Um caso de interesse imediato é o dos dipolos de meia onda. Para cada uma das situações ilustradas na Fig. 6.1, quais sejam, antenas frente a frente, em linha e em escada, serão calculadas, a seguir, as respectivas impedâncias mútuas.

Figura 6.1
Três disposições para duas antenas paralelas:
(a) lado a lado;
(b) colinear;
(c) em escada.

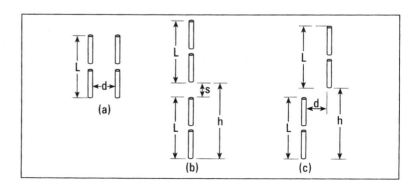

1.1 Impedância mútua de duas antenas paralelas, lado a lado

Seja d a separação entre duas antenas. Tomando como referência a disposição da Fig. 6.2, o campo E_{21}, ao longo da antena 2, produzido pela corrente I_1 na antena 1, será dado por

$$E_z = -j30 I_1 \left(\frac{e^{-j\beta r_1}}{r_1} + \frac{e^{-j\beta r_2}}{r_2} \right)$$

onde

$$r_1 = \sqrt{d^2 + z^2}$$
$$r_2 = \sqrt{d^2 + (L-z)^2}$$

Levando-se estes valores em (6.4), a impedância mútua será, então,

$$Z_{21} = j30 \int_0^L \left[\frac{e^{-j\beta\sqrt{d^2+z^2}}}{\sqrt{d^2+z^2}} + \frac{e^{-j\beta\sqrt{d^2+(L-z)^2}}}{\sqrt{d^2+(L-z)^2}} \right] \operatorname{sen} \beta z \, dz \qquad (6.5)$$

A integração foi realizada por Carter e dá como resultado:

$$R_{21} = 30 \left\{ 2\operatorname{Ci}(\beta d) - \operatorname{Ci}\left[\beta\left(\sqrt{d^2+L^2}\right) + L \right] - \operatorname{Ci}\left[\beta\left(\sqrt{d^2+L^2} - L\right) \right] \right\} \qquad (6.6)$$

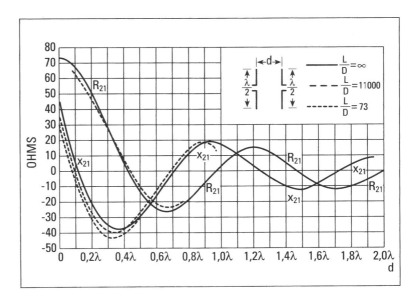

Figura 6.2
Curvas de resistência (R_{21}) e reatância (X_{21}) de duas antenas paralelas, colocadas lado a lado, de meia onda, em função da distância d entre elas. As curvas cheias são para as antenas infinitamente finas, segundo o cálculo feito por Carter. As linhas interrompidas, para distâncias entre 0 e 1,0λ, são devidos aos cálculos de TAI para antenas cujas relações de comprimento (L) sobre diâmetro (D) são, respectivamente, 11.000 e 73. (King, R. e Harrison Jr., C. W., *Jour. of Appl. Phys.*, vol. 15, pp. 481/95, junho de 1944; Tai, C. T., *Proc. IRE*, vol. 36, pp. 487/500, abril de 1948.)

$$X_{21} = -30\left\{2\mathrm{Si}(\beta d) - \mathrm{Si}\left[\beta\left(\sqrt{d^2 + L^2} + L\right)\right] - \right.$$
$$\left. - \mathrm{Si}\left[\beta\left(\sqrt{d^2 + L^2} - L\right)\right]\right\} \tag{6.7}$$

onde

$$R_{21} + jX_{21} = Z_{12} = Z_{21} = R_{12} + jX_{12}$$

A resistência e a reatância mútuas calculadas pelas expressões (6.6) e (6.7), para o caso de uma antena de meia onda, estão indicadas, pelas linhas cheias da Fig. 6.2, como função do espaçamento d. Além disso, a tabela 6.1 relaciona os vários valores por que passa R_{21}. Nesta tabela, a coluna que dá os valores de $R_{11} - R_{21}$ é muito importante para o cálculo das redes, motivo pelo qual está aí indicado. Se o valor d é muito pequeno, há uma relação aproximada, deduzida por Brown, que dá o valor deste parâmetro das redes:

$$R_{11} - R_{21} = 60\pi^2\left(\frac{d}{\lambda}\right)^2 \tag{6.8}$$

Esta relação tem precisão de 1%, para d no máximo igual a 0,05 de comprimento de onda, e apresenta um erro da ordem de 5%, para d indo até 0,1 do comprimento de onda, no máximo.

Para o caso mais geral, de antenas cujo comprimento não é um número ímpar de comprimento de onda, há outras expressões, parecidas com as que foram apresentadas e que não citaremos aqui. Os interessados poderão consultar obras de mais fôlego, mencionadas nas referências. Estamos interessados, neste trabalho, em antenas que tenham um comprimento de meia onda, uma meia onda somente, para construção das redes.

Impedância própria e impedância mútua em antenas **91**

TABELA 6.1 **ANTENAS DE MEIA ONDA COLOCADAS PARALELAMENTE, ALIMENTADAS NO CENTRO, UMA EM FRENTE À OUTRA, COM DISTRIBUIÇÃO SENOIDAL DE CORRENTE, SUPOSTAS FINAS.**

Espaçamento d (λ)	Resistência mútua R_{21} (ohms)	Resistência própria menos a mútua $R_{11} - R_{21}$ (ohms)
0,00	73,13	0,00
0,01	73,07	0,06
0,05	71,65	1,48
0,10	67,5	5,63
0,125	64,4	8,7
0,15	60,6	12,5
0,20	51,6	21,6
0,25	40,9	32,2
0,3	29,4	43,7
0,4	6,3	66,8
0,5	−12,7	85,8
0,6	−23,4	96,5
0,7	−24,8	97,9
0,8	−18,6	91,7
1,0	3,8	69,3
1,1	12,1	61,0
1,2	15,8	57,3
1,3	12,4	60,7
1,4	5,8	67,3
1,5	−2,4	75,5
1,6	−8,3	81,4
1,7	−10,7	83,8
1,8	−9,4	82,5
1,9	−4,8	77,9
2,0	1,1	72,0

Observação — Para o caso de se considerar dipolos reais, a grossura irá influir nestes valores, especialmente na faixa $0 < d < \lambda$.

1.2 Impedância mútua de duas antenas colineares

Neste caso, Carter deduziu que as expressões que dão a impedância mútua são as seguintes:

$$R_{21} = -15\cos\beta h + \left[-2\text{Ci } 2\beta h + \text{Ci } 2\beta(h-L) + \right.$$

$$+\text{Ci } 2\beta(h+L) - \log_e\left(\frac{h^2 - L^2}{h^2}\right) +$$

$$+15 \text{ sen } \beta h \left[(2\text{Si } 2\beta h - \text{Si } 2\beta(h-L) - \right.$$

$$\left.-\text{Si } 2\beta(h+L))\right]\Omega \qquad (6.9)$$

A reatância mútua seria

$$X_{21} = -15\cos\beta h\left[2\text{Si } 2\beta h - \text{Si } 2\beta(h-L) - \right.$$

$$-\text{Si } 2\beta(h+L)] + 15 \text{ sen } \beta h \cdot [2\text{Ci } 2\beta h -$$

$$\left. -\text{Ci } 2\beta(h-L) - \text{Ci } 2\beta(h+L) - \log_e\left(\frac{h^2-L^2}{h^2}\right)\right]\Omega \qquad (6.10)$$

As curvas para os valores de R_{21} e X_{21} estão na Fig. 6.3 como função do espaçamento s, onde s = $h - L$; e só são válidas estas curvas para dipolos colineares de meia onda.

Podemos observar, de imediato, três importantes características:

1. o acoplamento mútuo entre dois dipolos paralelos é maior do que na configuração colinear (neste último caso, a componente radial do campo é a responsável pelo acoplamento);

2. *grosso modo*, a impedância mútua começa a ser desprezível, face à impedância própria, a partir do espaçamento 2λ, para dipolos paralelos, e $0,3\lambda$, para dipolos colineares;

3. a impedância mútua para dipolos paralelos tende à impedância própria, quando o espaçamento tende a zero.

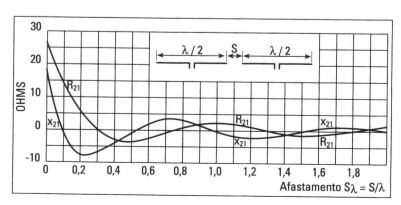

Figura 6.3
Curvas de resistência mútua (R_{21}) e da reatância (X_{21}) de duas antenas paralelas colineares infinitamente finas, de $\lambda/2$, em função do espaçamento s (*apud*, Kraus, op. cit., p. 269).

1.3 Impedância mútua de duas antenas paralelas e em escada

Para este caso, representado pela Fig. 6.4, iremos supor que cada antena tenha um número ímpar de comprimentos de onda, e, ainda pelos cálculos de Carter, podemos encontrar:

$$R_{21} = -15\cos\beta h \left(-2\text{Ci } A - 2\text{Ci } A' + \text{Ci } B + \right.\\ \left. +\text{Ci } B' + \text{Ci } C + \text{Ci } C'\right) + 15 \text{ sen } \beta h (2\text{Si } A - \\ -2\text{Si } A' - \text{Si } B + \text{Si } B' - \text{Si } C + \text{Si } C')\Omega \quad (6.11)$$

e que

$$X_{21} = -15\cos\beta h \left(2\text{Si } A + 2\text{Si } A' - \text{Si } B - \right.\\ \left. +\text{Si } B' - \text{Si } C - \text{Si } C'\right) + 15 \text{ sen } \beta h (2\text{Ci } A - \\ -2\text{Ci } A' - \text{Ci } B - \text{Ci } B' - \text{Ci } C + \text{Ci } C')\Omega \quad (6.12)$$

onde

$$A = \beta\left(\sqrt{d^2 + h^2} + h\right)$$
$$A' = \beta\left(\sqrt{d^2 + h^2} - h\right)$$
$$B = \beta\left[\sqrt{d^2 + (h-L)^2} + (h-L)\right]$$
$$B' = \beta\left[\sqrt{d^2 + (h-L)^2} - (h-L)\right]$$
$$C = \beta\left[\sqrt{d^2 + (h+L)^2} - (h+L)\right]$$
$$C' = \beta\left[\sqrt{d^2 + (h+L)^2} - (h+L)\right]$$

Alguns valores para R_{12} calculados a partir de (6.11) estão na tabela 6.2, como função de d e de h, conforme se indica na Fig. 6.4. Tais valores são deduzidos para os dipolos de meia onda.

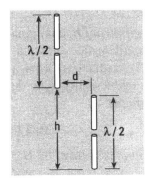

Figura 6.4
Duas antenas paralelas e em escada.

TABELA 6.2 **RESISTÊNCIA COMO FUNÇÃO DE D E DE H, PARA DIPOLOS DE MEIA ONDA, DISPOSTOS CONFORME FIGURA 6.4**

Afasta-mento d_λ	\multicolumn{7}{c	}{Espaçamento h_λ}
	0,0	0,5	1,0	1,5	2,0	2,5	3,0
0,0	73,1	26,4	−4,1	1,8	−1,0	0,6	−0,4
0,5	−12,7	−11,8	−0,8	0,8	−1,0	0,5	−0,3
1,0	3,8	8,8	3,6	−2,9	1,1	−0,4	0,1
1,5	−2,4	−5,8	−6,3	2,0	0,6	−1,0	0,9
2,0	1,1	3,8	6,1	0,2	−2,6	1,6	−0,5
2,5	−0,8	−2,8	−5,7	−2,4	2,7	−0,3	−0,1
3,0	0,4	1,9	4,5	3,2	−2,1	−1,6	1,7
3,5	−0,3	−1,5	−3,9	−3,8	0,7	2,7	−1,0
4,0	0,2	1,1	3,1	3,7	0,5	−2,5	−0,1
4,5	−0,2	−0,9	−2,5	−3,4	−1,3	2,0	1,1
5,0	0,2	0,7	2,1	3,1	1,8	−1,4	−1,9
5,5	−0,1	−0,6	−1,8	−2,9	−2,2	0,5	1,8
6,0	0,1	0,5	1,6	2,6	2,3	−0,1	−2,0
6,5	−0,1	−0,5	−1,2	−2,3	−2,3	−0,5	1,7
7,0	0,1	0,4	1,1	2,1	2,3	0,9	−1,3
7,5	0,0	−0,3	−1,0	−1,9	−2,1	−1,0	0,7

Observação — As antenas de meia onda consideradas as ideais são extremamente finas. Para casos reais, a correção a ser feita é muito pequena.

2 Impedância própria de uma antena fina

Já foi vista uma expressão para a resistência de irradiação (resistência própria) de antenas finas. Agora, esta análise será estendida de modo a nos fornecer expressões para resistência e a reatância próprias. Isto será feito pelo chamado **método da fem**, de acordo com o desenvolvimento de Carter (referência 1).

Imaginamos, então, em dipolo de comprimento L, com uma das extremidades na origem do sistema coordenadas, alimentação no centro e infinitamente fino (Fig. 6.5) e isolado no espaço livre. Nestas condições, vamos considerar que a distribuição de corrente sobre dipolo é senoidal, sendo dada por

$$I_z = I_1 \operatorname{sen} \beta z \qquad (6.13)$$

Restringindo-se o comprimento L a múltiplos ímpares de $1/2$, a corrente no ponto de alimentação será sempre igual ao valor máximo I_1.

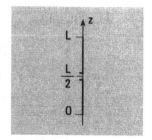

Figura 6.5

Aplicando-se agora uma fem V_{11} aos terminais do dipolo, pode-se definir a impedância de transferência entre o ponto de alimentação e um ponto z qualquer da antena por

$$Z_{1z} = \frac{V_{11}}{I_z} \qquad (6.14)$$

A corrente I_z produz um campo irradiado E_z, que, por sua vez, induz na antena um outro campo E_{zi}, tal que as condições de contorno ficam satisfeitas. Em particular, se o dipolo for constituído de condutor perfeito, o campo total na superfície E_{zt} deve ser nulo, e assim resulta

$$E_{zt} = E_Z + E_{zi} = 0$$

ou seja,

$$E_{zi} = -E_z$$

Sobre um comprimento dz da antena, o campo induzido produz uma fem

$$dV_z = -E_z dz \qquad (6.15)$$

Se a antena for curto-circuitada no ponto de alimentação, esta fem produzirá, aí, uma corrente dI_1. Define-se, então, a outra impedância de transferência:

$$Z_{21} = \frac{dV_z}{dI_1} \qquad (6.16)$$

Porém, de acordo com o teorema da reciprocidade, as impedâncias de transferência são iguais, o que implica

$$\frac{V_{11}}{I_z} = \frac{dV_z}{dI_1}$$

ou, levando em conta a equação (6.15),

$$V_{11} dI_1 = -I_z E_z dz$$

Como, porém, o comportamento dos campos, tensões e correntes é regido por equações lineares, pode-se escrever $V_{11} d_{11} = I_1 dV_{11}$, donde

$$V_{11} = -\frac{1}{I_1} \int_0^L I_z E_z dz \qquad (6.17)$$

A impedância terminal da antena, neste caso, é igual à sua impedância própria, pois a antena está, por hipótese, isolada no no espaço livre. Calculando, então, o valor $Z_{11} = V_{11}/I_1$ e usando a expressão da corrente dada pela equação(6.13), fica

$$Z_{11} = -\frac{1}{I_1} \int_0^L E_z \, \text{sen} \, \beta z \, dz \qquad (6.18)$$

Desta forma, vê-se que, para se calcular a impedância própria do dipolo, deve-se primeiro calcular o campo E_z ao longo da antena, produzido por sua própria corrente I_z. Os detalhes desse desenvolvimento serão omitidos aqui, devendo os interessados consultar obras mais completas sobre o assunto. A conclusão a que se chega é a seguinte:

$$Z_{11} = R_{11} + jX_{11} = 30\left[\text{Cin}(2\pi n) + j\text{Si}(2\pi n)\right] \qquad (6.19)$$

As funções $\text{Cin}(x)$, já vista no Cap. 4, e $\text{Si}(x)$, seno integral, são integrais resolvidas e têm seus valores tabelados. Esta última é definida por

$$\text{Si}(x) = \int_0^x \frac{\text{sen} \, v}{v} \, dv \qquad (6.20)$$

Para o caso particular de dipolos de meia onda, tem-se $n = 1$ e, portanto,

$$Z_{11} = 30\left[\text{Cin} \, (2\pi) + j\text{Si} \, (2\pi)\right] = 73 + j42\Omega \qquad (6.21)$$

Então, um dipolo de meia onda nas condições acima tem reatância própria diferente de zero não sendo, portanto, uma antena ressonante. Assim, é prática comum encurtar um pouco o dipolo, de forma a fazer com que $X_{11} = 0$, procedimento este que causa também uma leve diminuição no valor da resistência própria.

Bibliografia

1. Carter, P. S., "Circuit Relations in Systems and applications to Antenna Theory", *Proc. IRE*, vol. 20 pp. 1.004/41, junho 1934.

2. Brown,G. H. e King, R., "High Frequency Models in Antenna Investigations", *Proc. IRE*, vol. 22, pp. 475/80, abril, 1934.

3. Tai, C. T. "Coupled Antennas", *Proc. IRE*, vol. 36. pp. 487/500, abril, 1948.

4. King, R. e Harrison, C. W., "Mutual and Self Impedance for Coupled Antennas", *Jour. Appl. Phys.*, vol. 15, pp. 481/95, junho, 1944.

5. Weeks, W. L, *Antenna Engineering*, McGraw-Hill, New Delhi, 1974.

6. Kraus, J. D., *Antenas*, McGraw-Hill, New York, 1950.

7 ANTENA COMO ÁREA

1 Área de uma antena

Uma antena posta no campo de ação de onda eletromagnética é um verdadeiro coletor de energia. O campo induz uma tensão nos terminais da antena e envia uma corrente ao circuito a que ela está ligada. Parte de energia entregue à antena é consumida para o fim a que se destina — sinal a ser recebido, parte é reirradiada, em certos casos, podendo ainda haver uma parcela de energia dissipada em calor.

Pode-se deduzir uma expressão para a energia retirada da onda com um raciocínio simples. Imagine que a antena possua uma certa abertura, correspondendo a uma determinada área na frente de onda da qual se vai retirar a energia para os pontos citados antes. Então, nesta região da frente de onda, vai-se encontrar toda a energia eletromagnética correspondente ao sinal recebido, à reirradiação e à perda ôhmica. Sabe-se que o vetor de Poynting é expresso em potência por unidade de área e que esse vetor é o responsável pelo transporte de energia em radiocomunicações.

Então, se se encontrar uma determinada área que, associada à densidade de potência, dê a quantidade de potência efetivamente recebida, reirradiada e perdida, tem-se o que se irá definir como **área de uma antena receptora**, ou **abertura equivalente**. De fato, a relação entre uma potência (watt) e uma densidade de potência (watt/m^2) é dada por uma área. Então, é interessante admitir a existência dessa área, ao menos para facilidade de raciocínio. A imagem feita dando a antena como coletora de energia dá uma boa idéia do assunto. Veja a Fig. 7.1.

Figura 7.1
Representação esquemática de uma antena como abertura, indicando-se a área de interesse e a frente de onda na direção de propagação.

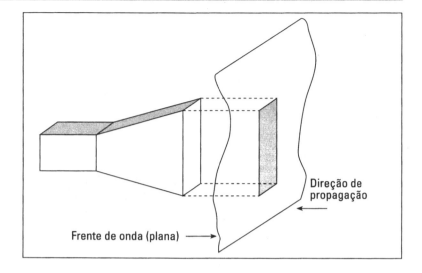

Assim, a área equivalente de uma antena será dada por

$$A_e = \frac{W}{P} \tag{7.1}$$

Como esta potência é retirada da onda que passa, é interessante transferi-la ao circuito adaptado à antena; se houver casamento entre a antena, a linha de transmissão e o receptor, pode-se dizer, no caso sem perdas, que a energia W será máxima e igual a W_m. Casar antena significa, portanto, procurar levar a sua àrea ao valor máximo, posto que, pela expressão (7.1), a única parte em que não se pode tocar é P, uma vez que esse vetor é uma característica de transmissão.

Como há uma adaptação nem sempre perfeita de uma antena ao resto do sistema de recepção, nem sempre a área de recepção é a ideal, a desejada como mais eficiente. Pode-se dizer, desta forma, que uma há abertura máxima, A_{em}, que corresponde ao casamento perfeito.

Quando se recebe uma onda polarizada horizontalmente, por exemplo, e se for girando a antena receptora no sentido de torná-la vertical, o que se está fazendo, dentro dessa ordem de idéias, é uma crescente obturação de sua área efetiva de recepção, tal como o diafragma de uma máquina fotográfica. Há uma certa isolação entre uma polarização e outra, isolação essa que depende de vários fatores, inclusive da geometria dos condutores e da distância. Do ponto de vista teórico, o grau de isolação entre duas polarizações poderá ser entendido como grau de obturação da área efetiva de recepção de uma antena. Em se tratando de polarização linear, chamando p o fator de polarização, a expressão inicial para a área de antena passa a ser

$$A_e = p\frac{W}{P} \tag{7.2}$$

com $0 \leq p \leq 1$.

Demonstra-se que $p = \cos^2 \phi$, sendo ϕ a distância angular entre duas polarizações.*

2 Área efetiva de uma antena

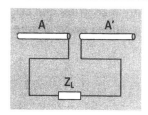

Figura 7.2
Representação de uma antena AA' adaptada a uma carga Z_L.

Suponha uma antena com polarização apropriada ($p = 1$), tal como está representada na Fig. 7.2, adaptada a uma carga Z_L. A Fig. 7.3 dá um circuito que seria equivalente ao da Fig. 7.2, considerando a antena como se fosse um gerador com uma impedância interna Z_a, que vem a ser a impedância da antena. Então, produz-se uma corrente I, de sorte que

$$V = (Z_A + Z_L)I \tag{7.3}$$

Se se considerar o caso especial em que a antena se acha perfeitamente casada à carga, sabe-se que as partes reativas de Z_A e Z_L se compensam e que $R_A = R_L$. A resistência da antena, R_A, como foi visto, pode ser dividida em duas partes: a resistência ôhmica, R_e, e a resistência de irradiação, R_r. Em geral R_e é desprezível, nas antenas de alta freqüência, de modo que, para facilidade, seja $R_A = R_r$, a menos que se trate de antenas de grande porte em freqüências baixas. Assim, válidas as aproximações, pode-se escrever

$$V = 2IR_L$$

de onde

$$I = \frac{V}{2R_L} = \frac{V}{2R_r} \tag{7.4}$$

Figura 7.3
Representação do circuito equivalente de uma antena receptora, no aspecto de fonte de tensão e no de fonte de corrente.

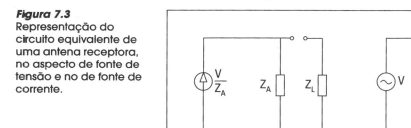

---

* Tai, C. T., IRE *Trans. Ant. Prop.*, vol. AP-9, março, 1961, pp. 224/5.

Em tais condições de casamento, pode-se afirmar que a potência absorvida pela antena, retirada da frente de onda, será máxima e é lícito escrever

$$W_m = I^2 R_r = \frac{V^2}{4R_r} \qquad (7.5)$$

Ora, pelo que se disse antes, conclui-se ainda

$$A_{em} = \frac{V^2}{4PR_r} \qquad (7.6)$$

Define-se, então, uma eficiência de abertura, que será designada pela letra a, como sendo a relação entre a abertura que está sendo utilizada e a abertura máxima que a antena poderia apresentar, ou seja,

$$a = \frac{A_e}{A_{em}} \qquad (7.7)$$

naturalmente com $0 \le a \le 1$.

Resulta daí uma expressão mais geral para a área de recepção de uma antena, em função de a e de p:

$$A = pa\frac{W}{P} \qquad (7.8)$$

na qual se vê que a área da antena varia com o casamento de impedâncias dado pelo fator a e com a polarização representada por p.

3 Área de retransmissão

Quando uma antena não está bem adaptada ao receptor, há uma certa quantidade de energia recebida que se reflete na carga e volta até a antena, propriamente, fazendo com que ela reirradie energia, isto é, uma parte da energia *incidente* e *recebida* deixa de ser aproveitada por falta de casamento. A antena atua como **retransmissora**. Nesse caso, pode-se reservar, na frente de onda que chega à antena, uma parcela para essa nova área, cujo nome será conhecida como **área de retransmissão** (A_{rt}), ou seja, aquela área da frente de onda que corresponde à energia não-aproveitada na carga e reenviada ao espaço. Se houvesse casamento, não haveria energia refletida e essa área seria nula. À energia aproveitada relaciona-se à chamada **área efetiva de recepção** da antena.

Chamando essa área A_{er}, pode-se escrever

$$A_{em} = A_{er} + A_{rt} \qquad (7.9)$$

Convém lembrar sempre que não foram consideradas as perdas existentes. Isto significa que da área máxima que a antena poderia apresentar, para retirar energia para a carga, só uma parte é aproveitada (A_{er}), havendo uma outra parcela que é retransmitida ao meio (A_{rt}). É evidente que se o descasamento for total, o maior valor que se poderá encontrar para A_{rt}, no limite, será A_{em}. Neste caso, a área de retransmissão será máxima e pode-se escrever

$$A_{rtm} = A_{em} \qquad (7.10)$$

Tal como no caso anterior, pode-se-ia definir um **coeficiente de retransmissão**, ou **coeficiente de espalhamento**, que se liga à maior ou menor quantidade de energia retransmitida, ou seja,

$$b = \frac{A_{rt}}{A_{em}} \qquad (7.11)$$

com $0 \leq b \leq 1$.

O descasamento aqui mencionado tanto pode ser ocasionado por um valor de Z_L (ou R_L) maior que Z_A (ou R_A), como para R_L menor que R_A, e a Fig. 7.4 é a curva da variação dessa área, em função da relação R_r/R_L.

Em algumas antenas (cornetas, refletores parabólicos, etc.) é usual definir-se um outro coeficiente, chamado de **absorção**, que relaciona a área efetiva máxima com **área física** (A_f) da antena, como se isto representasse o quanto foi possível fazer para que a área realmente aproveitável se aproximasse da física, tal como sugere a Fig. 7.1. Dessa forma, pode-se escrever

$$k = \frac{A_{em}}{A_f}$$

com $0 \leq k \leq 1$. Nas boas antenas de tipo abertura, o valor de k se aproxima de 0,7, sendo 0,5 seu valor mais comum. A Fig. 7.4 dá uma representação esquemática das principais que uma antena apresenta, sem que houvesse o cuidado de esboçá-la na proporção real.

Figura 7.4
Representação esquemática das principais áreas envolvidas numa antena de recepção.

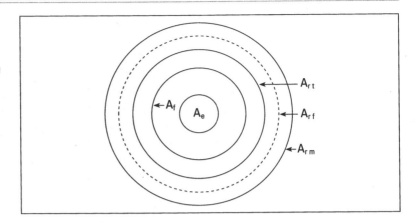

4 Relação entre abertura efetiva, diretividade e ganho

Pela definição estabelecida para abertura da antena, pode-se concluir que ela deve ter relação estreita com o ganho que a antena apresenta. Assim, o fato de uma antena ser mais diretiva que outra deve significar que a quantidade de energia que ela absorve é maior, energia essa que é proveniente da frente de onda. Isto é fácil de ser visto, posto que P_r é uma quantidade que depende exclusivamente da transmissão, ao passo que A_e e W dependem da recepção. Então, se se constata um aumento de W na recepção, é porque a sua área cresceu.

Desta forma, comparando-se duas antenas, se se tem W_1 menor que W_2, para o mesmo sinal transmitido, é porque a antena n.º 2 apresenta uma área de recepção maior que a de n.º 1, o que comumente é expresso pelo ganho. É correto, portanto, afirmar-se que a área de uma antena cresce com o seu ganho, numa razão direta, e isto pode ser resumido na expressão

$$\frac{G_1}{G_2} = \frac{A_{e1}}{A_{e2}} \tag{7.14}$$

onde os índices 1 e 2 referem-se às antenas que estão sendo comparadas.

5 Abertura efetiva máxima de um dipolo curto (hertziano)

Considera-se dipolo curto o que tem um comprimento muito menor que o comprimento de onda e que, além disso, possui uma distribuição de corrente uniforme, e, do mesmo modo, ainda como conseqüência do seu tamanho, a fase da corrente é praticamente a mesma em toda sua extensão.

Suponha-se, para facilidade de raciocínio, que se realize o casamento entre a antena (dipolo curto) e a carga, de modo a poder-se escrever $R_L = R_r$. Nessas condições, anteriormente, foi visto que:

$$A_{em} = \frac{V^2}{4P_r R_r} \qquad (7.15)$$

Nesta expressão, V vem a ser a tensão induzida nos terminais da carga, e, neste caso especial do dipolo curto, tal como foi definido, pode ser expressa pelo produto do campo elétrico incidente pelo comprimento L do dipolo, ou seja,

$$V = EL \qquad (7.16)$$

O vetor de Poynting médio, por sua vez, pode ser expresso pela equação

$$P_r = \frac{1}{2} R_e (\mathbf{E} \times \mathbf{H}^*)$$

sendo $\mathbf{H}^*$ o valor conjugado de $\mathbf{H}$.

Mas

$$H = \frac{E}{\eta} = \frac{E}{377}$$

então,

$$P_r = \frac{E^2}{\eta} = \frac{E^2}{120\pi} = \frac{E^2}{377} \qquad (7.17)$$

Sabe-se que a resistência de um dipolo curto hertziano vale

$$R_r = \frac{80\pi^2 L^2}{\lambda^2} \qquad (7.18)$$

Resulta de tais considerações que

$$A_{em} = \frac{120\pi E^2 L^2}{320\pi^2 E^2 L^2} \lambda^2 = \frac{3}{8\pi} \lambda^2 = 0,119\lambda^2 \qquad (7.19)$$

Então, a área efetiva máxima de um dipolo curto é dada por

$$A_{em} = 0,119\lambda^2$$

No caso da fonte isotrópica, por definição deve-se ter $D_1 = 1$, com o que podemos escrever

$$A_{em1} = \frac{A_{em2}}{D_2} \qquad (7.20)$$

Supondo que a antena n.º 2 seja um dipolo curto (cuja diretividade vale 1,5), e usando a área efetiva máxima calculada, da equação (7.20) resulta, por simples substituição,

$$A_{em1} = \frac{\lambda^2}{4\pi} \tag{7.21}$$

Note-se que esta área é equivalente à área de um círculo cujo raio vale

$$R = \frac{\lambda}{2\pi} \tag{7.22}$$

Adotando agora a fonte isotrópica como referência geral, qualquer antena cuja área máxima seja conhecida pode ter a diretividade calculada pela relação

$$D = \frac{4\pi}{\lambda^2} A_{em} \tag{7.23}$$

6 Abertura efetiva máxima de um dipolo de meia onda

Como a diretividade de dipolo de meia onda é 1,64, isto é, a concentração de energia do referido dipolo é 1,64 vezes maior que no caso da fonte isotrópica, pela relação (7.23) vai-se encontrar

$$A_{em} = \frac{D\lambda^2}{4\pi} = \frac{1,64\lambda^2}{4\pi} \cong 0,13\lambda^2 \tag{7.24}$$

Observe que este valor 0,13 é cerca de 1/8, com o que se poderia escrever

$$0,13\lambda^2 = \frac{\lambda^2}{8} = \frac{\lambda}{4} \times \frac{\lambda}{2}$$

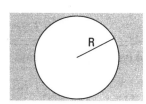

Figura 7.5
Área efetiva máxima de uma fonte isotrópica, onde $R = \lambda/2\pi$

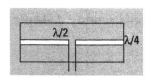

Figura 7.6
Retângulo representativo da área efetiva máxima de um dipolo de meia onda.

o que pode sugerir que a área máxima de um dipolo de meia onda corresponde a um retângulo cujos lados $\lambda/4$ e $\lambda/2$. As Figs. 7.5 e 7.6 ilustram os dois exemplos, para a fonte isotrópica e para o dipolo $\lambda/2$, sem obrigar tais áreas a terem estes aspectos.

Convém ressaltar que, no caso do dipolo de meia onda, não é difícil fazer-se a dedução direta da área efetiva, em vez de ser pelo ganho, como foi feito, uma vez que a sua distribuição de corrente é senoidal. Para outras antenas, isto nem sempre é possível, residindo a dificuldade na computação da tensão induzida, que não será simplesmente proporcional ao comprimento da antena. A bibliografia citada ao final do capítulo encaminhará os interessados nesta matéria.

Antena como área

105

7 Fórmula de transmissão de Friis*

Seja uma fonte isotrópica 100% eficiente e que irradie uma certa potência W_T. A uma distância r, no espaço livre, a densidade de potência será dada por

$$P = \frac{W_T}{4\pi r^2} \tag{7.25}$$

A potência que vai ser recebida numa antena do mesmo tipo, que esteja colocada nessa distância r, será

$$W_R = A_e P = \frac{W_T A_e}{4\pi r^2} \tag{7.26}$$

em que A_e é a abertura efetiva da antena de recepção, e, para maior clareza, será representada por A_{eR}. Se a antena de transmissão não for isotrópica, mas tiver uma certa diretividade D_T, é compreensível que a equação (7.26) seja corrigida para

$$W_R = A_{eR} P = \frac{W_T A_{eR} D_T}{4\pi r^2} \tag{7.27}$$

Mas, pela equação (7.23), que relacionou a diretividade com a área efetiva, e considerando que os conceitos emitidos para uma antena de recepção podem ser aplicados a uma antena de transmissão, substituindo-se em (7.27) D_T pela sua expressão dada em (7.23), tem-se

$$W_R = \frac{4\pi W_T A_{eR} A_{eT}}{4\pi r^2 \lambda^2} = \frac{W_T A_{eR} A_{eT}}{r^2 \lambda^2} \tag{7.28}$$

em que foi feita a extensão do conceito de áreas às antenas se transmissão, ao se representar sua área por A_{eT}.

Convém observar que não se indica que as áreas das antenas envolvidas sejam as máximas, mas as efetivas, isto é, as que estão sendo usadas no problema geral, ou seja, as conclusões a que se vai chegar são válidas tanto para áreas quaisquer, como para diretividades quaisquer, e isto ou se apóia na equação (7.22), caso ideal, ou se apoiará na equação (7.15), caso mais próximo da realidade.

Na equação (7.28), tirando-se a relação entre W_R e W_T, tem-se a fórmula de Friis:

$$\frac{W_R}{W_T} = \frac{A_{eR} A_{eT}}{\lambda^2 r^2} \tag{7.29}$$

---

* Friis, N.T. "Note on a Simple transmission Formula", Proc. IRE, vol. 34, pp. 254/56.

A relação W_R/W_T é conhecida como "relação de transferência de potência". Como era de se esperar, se se procura uma equação que trate com energia irradiada, esta equação só poderá ser válida no campo distante, e, como foi frisado de início, foi suposta uma propagação no espaço livre, não podendo ser empregada com segurança em casos de sinais refletidos. No caso de reflexões de campos, é fácil imaginar que os campos poderiam se somar ou se subtrair, variando desde zero até duas vezes o valor do campo direto, dependendo das fases entre eles. Para o caso de reflexões, há um tratamento especial.

8 Aspecto prático da fórmula de Friis

A equação (7.29) é geral, no sentido de que deve valer para qualquer antena. Entretanto, é possível encontrar-se um aspecto mais prático para a fórmula de transmissão de Friis.

Suponhamos que as antenas de transmissão e de recepção, na equação (7.29), sejam isotrópicas, cujas áreas já foram calculadas em (7.21). Então, pode-se escrever

$$A_{eR} = A_{eT} = \frac{\lambda^2}{4\pi}.$$ (7.30)

Levando este resultado na fórmula de Friis, encontra-se

$$\frac{W_R}{W_T} = \frac{63 \times 10^{-4} \lambda^2}{r^2}$$

lembrando, porém, que $\lambda = c/f$ e substituindo na expressão anterior, vem

$$\frac{W_R}{W_T} = \frac{63 \times 10^{-4} \times c^2}{f^2 r^2}$$

Para fins de aplicação prática, supondo-se c velocidade de propagação das ondas eletromagnéticas dada em km/s e a distância r em que se recebe o sinal medido em km, tem-se

$$c = 3 \times 10^5 \, \text{km} / \text{s}$$

$$r \rightarrow \text{km}$$

Estes valores, levados na última expressão, vão dar

$$\frac{W_R}{W_T} = \frac{567 \times 10^{+6}}{f^2 r_{\text{km}}^2}$$

Como esta expressão se destina à propagação direta e isto é mais empregado em freqüências muito altas (VHF-UHF-SHF), se se usar o f já em MHz, deve-se introduzir um fator de correção de 10^6, com o que a última expressão dará:

$$\frac{W_R}{W_T} = \frac{567 \times 10^{-6}}{f_{\text{MHz}}^2 r_{\text{km}}^2}$$

Em trabalhos de engenharia, faz-se uso do inverso da relação de transferência de Friis, agora sob o nome de "atenuação" ou "perda por propagação", de vez que passa a exprimir o quanto a potência foi enfraquecida entre a transmissão e a recepção. Então, a última expressão, sob a nova definição, pode ser escrita

$$\alpha = \frac{W_T}{W_R} = 1,76 \times 10^3 f_{\text{MHz}}^2 r_{\text{km}}^2 \tag{7.31}$$

Se se aplicar os logaritmos nesta expressão (7.31), de modo que ela possa ser expressa em decibéis, como se usa em engenharia, tem-se

$$\alpha_{dB} = 32,45 + 20 \log f_{\text{MHz}} + 20 \log r_{\text{km}}$$

Por uma questão de errar no sentido mais favorável, é costume arredondar-se o primeiro número para 33, com o que a última expressão passa a ser

$$\alpha_{dB} = 33 + 20 \log f + 20 \log r \tag{7.32}$$

para f em MHz e r em Km.

Se a velocidade da propagação das ondas fosse dada em milhas por segundo e a distância em milhas, corrigindo-se c para 186.000 milhas/s, o resultado final seria

$$\alpha_{dB} = 37 + 20 \log f + 20 \log r \tag{7.33}$$

para f em MHz e r em milhas.

Convém lembrar que estas equações foram deduzidas na posição de que as antenas eram fontes isotrópicas. Quando isto não ocorrer (e na prática é sempre assim), basta que se acrescentem os ganhos das respectivas antenas de transmissão e recepção, em relação à isotrópica.

Note-se que, nas expressões (7.32) e (7.33), tem-se a quantidade de energia perdida entre um terminal e outro da comunicação feita, isto é, a atenuação verificada na propagação. Se se fizer uso de antenas diretivas com ganhos G_R e G_T, em relação à isotrópica, ambos expressos em dB, é claro que a transmissão de sinal se faz em nível mais alto, correspondentes aos ganhos introduzidos, de modo que, diante da mesma perda por propagação, que é uma característica do meio na freqüência de operação, tem-se o nível de recepção melhorado: a introdução de antenas diretivas, numa transmissão, equivale a uma outra transmissão como fontes isotrópicas com maior potência fornecida às mesmas, precisamente daquela quantidade correspondente ao ganho das antenas. Então a expressão (7.32) ficaria, para o caso de antenas diretivas,

$$\alpha_{dB} = 33 + 20 \log f_{MHz} + 20 \log r_{km} - G_{0T_{dB}} - G_{0R_{dB}} \qquad (7.34)$$

E se o sistema, num dos seus terminais, apresentar qualquer outra perda adicional (cabos, conectores, etc.), esta perda pode ser incorporada à equação (7.43), desde que expressa em decibéis:

$$\alpha_{dB} = 33 + 20 \log f_{MHz} + 20 \log r_{km} - \\ -G_{0T_{dB}} - G_{0R_{dB}} + L_{dB} \qquad (7.35)$$

A equação (7.35) é a expressão mais geral, deduzida da fórmula de Friis, da perda por propagação existente entre dois terminais de comunicação no espaço livre.

9 Exemplo de aplicação da fórmula de Friis

Suponha uma comunicação entre dois pontos, distantes 30 km. Usam-se antenas que apresentam um ganho de 10 dB em relação ao dipolo $\lambda/2$. As antenas estão casadas em seus terminais, e a freqüência utilizada é de 500 MHz, de modo que os cabos e conectores vão introduzir uma perda de 1dB/m. As antenas serão instaladas a 10 m de altura. O transmissor opera com uma potência de 10 W e o trajeto a ser coberto é totalmente desobstruído. Pede-se o valor do campo na recepção.

Solução

$$\alpha_{dB} = 33 + 20 \log r_{MHz} + 20 \log f_{km} + L_{cabos} - G_{0T} - G_{0R}$$

Com o ganho das antenas foi dado em relação ao dipolo de meia onda, resulta

$$G_{oT} = G_{oR} = 10 + 2,15 = 12,15 \text{ dBi,}$$

então,
$$\alpha_{dB} = 33 + 20 \log 30 + 20 \log 500 + 1 \times 20 - \\ -2 \times 12,15 = 112,22 \text{ dB}$$

Então, $\quad 10 \log \dfrac{W_T}{W_R} = 112,22 \ dB$

ou seja, $\dfrac{W_T}{W_R} = 1,67 \cdot 10^{11}$

Quer dizer que, para $W_T = 10\ W$, tira-se

$$W_R = 6,00 \cdot 10^{-11} W$$

Mas $\quad W_R = P \cdot A_e$

e como, da equação (7.23),

$$A_e = 1,31\lambda^2$$

tem-se com $\lambda = 0,6$ m, e descontando-se agora a perda do lado da recepção:

$$P = 1,27 \cdot 10^{-9} W / m^2$$

Por outro lado,

$$P = \frac{E^2}{\eta}$$

Então, $\quad E = \sqrt{P\eta} = \sqrt{1,27 \cdot 10^{-9} \cdot 377} = 692 \mu V / m$

$$\boxed{E = 692 \mu V / m}$$

10 Introdução à noção de comprimento efetivo de antena

A noção de área de uma antena é particularmente interessante quando se trata de freqüências elevadas, pelo fato de as dimensões reduzidas dos irradiadores nos permitirem elaborar raciocínio e analogias de rápido entendimento. No caso de freqüências baixas (comprimento de ondas maiores que 100 m), é mais conveniente introduzir outro conceito, que também é válido para as freqüências elevadas, especialmente quando a antena funciona como transmissora. Trata-se da **altura efetiva** ou **comprimento efetivo** de uma antena.

Possivelmente por motivos históricos, na parte baixa do espectro, fala-se muito no campo produzido ou recebido por uma antena, e chega-se a comparar duas antenas pelos campos que elas produzem. A sensibilidade dos receptores é sempre dada em termos de uma tensão induzida nos terminais da antena e que aparece na carga. Então, temos microvolts por metro, no exterior da antena, e microvolts na entrada do receptor. Tal como no caso das aberturas, a antena oferece ao campo como se fosse um comprimento e a transformação fica dimensionalmente certa.

Por definição, a altura ou o comprimento efetivo de uma antena, h_{ef}, é a relação entre a fem induzida em seus terminais e o campo que dá origem a essa fem, isto é,

$$h_{ef} = \frac{V}{E} \qquad (7.36)$$

Embora a dimensão de h_{ef} seja a de um comprimento, o seu valor poderá vir sob a forma de um complexo, como se pode prever a partir de (7.36).

A altura de uma antena pode variar desde alguns centímetros (antenas de automóveis), até algumas dezenas de metros (*broadcasting*). No caso de uma antena tipo *loop*, o valor de E varia com a orientação. Por causa disto, define-se a altura para o valor de E que corresponde ao máximo valor de intensidade de campo na recepção ou na transmissão. A noção de altura efetiva não é usada, desde que as dimensões da antena se tornam da ordem do comprimento de onda.

11 Relação entre h_{ef} e A_e

A altura efetiva e a abertura de uma antena se relacionam de maneira explicada a seguir.

Sabe-se que

$$P_r = \frac{E^2}{\eta}$$

$$V = h_{ef} E$$

$$A_{em} = \frac{V^2}{4 R_r P_r}$$

Então,

$$V = \sqrt{A_{em} \cdot 4 R_r P_r} = 2E \sqrt{\frac{A_{em} R_r}{\eta}}$$

Desta forma,

$$h_{ef} = \frac{V}{E} = 2 \sqrt{\frac{A_{em} R_r}{\eta}}$$

$$A_{em} = \frac{h_{ef}^2 \eta}{4R_r}$$

O dipolo de meia onda fino tem uma área máxima de $0,13\lambda^2$, e apresenta, no espaço livre, um comprimento efetivo de $0,32\lambda$.

12 Definição mais rigorosa de comprimento efetivo

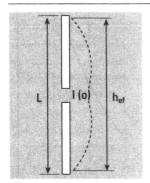

Figura 7.7
Variação do comprimento efetivo com o comprimento geométrico de um dipolo.

Vamos registrar aqui a definição mais rigorosa de comprimento efetivo. Segundo Jordan, "é o comprimento de uma antena linear equivalente, cuja corrente $I(o)$ é a mesma em todos os pontos ao longo da antena, e que irradia o mesmo campo que a antena real, na direção que lhe é perpendicular, $I(o)$ sendo, em particular, o valor da corrente nos terminais de entrada real". A Fig. 7.7 ilustra bem esta definição.

Já se disse que este novo conceito de altura se aplica tanto às antenas de recepção como às de transmissão.

Note-se que, em baixas freqüências, a antena transmissora consiste num condutor vertical, com ou sem carga de topo, alimentado contra a terra. Em tais condições, a imagem forma metade do sistema da antena, e, por conveniência, é costume falar-se do *meio comprimento efetivo*.

De acordo com esta terminologia, uma antena de um quarto de onda, vertical, tem um *meio comprimento geométrico* de um quarto de onda, e o seu comprimento ou a sua altura efetiva será dada pelo comprimento da antena linear, também alimentada contra a terra, que produz a mesma intensidade de campo E, quando há uma distribuição de corrente uniforme e de valor $I(o)$, em todo o seu comprimento, sendo $I(o)$ a corrente de base.

Desta forma, chega-se a que o comprimento efetivo de um monopolo de quarto de onda, com uma corrente senoidal, vale $\lambda/2\pi$, o que quer dizer que esta antena, com uma distribuição de corrente uniforme e de valor $I(o)$, deveria ser $2/\pi$ menor que o quarto de onda geométrico. A Fig. 7.8 dá uma idéia da variação do comprimento efetivo, a partir do comprimento geométrico do dipolo. Observe-se que, em $0,77\lambda$, os dois comprimentos se igualam, para depois o valor efetivo superar o geométrico.

Figura 7.8
Variação do comprimento efetivo com o comprimento geométrico de um dipolo

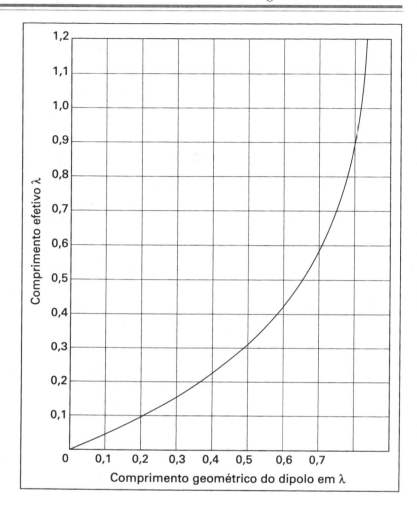

13 Relação entre h_{ef}, R_r e G

Seja uma corrente $I(o)$, numa antena elementar de comprimento dl, produzindo um certo campo E a uma direção normal ao elemento dl. Sabe-se que o valor de E é dado por

$$E = \frac{60\pi dl I(o)}{\pi \lambda} V/m \qquad (7.37)$$

sendo $I(o)$ a corrente nos terminais de entrada.

Nesta equação, pressupõe-se uma distribuição de corrente uniforme. Se se tiver uma antena cujo comprimento efetivo seja

h_{ef} e uma corrente $I(o)$, o campo E, produzido à mesma distância r, será, por definição, igual ao expresso em (7.37), ou seja,

$$E = \frac{60\pi I(o)h_{ef}}{r\lambda}$$

Apenas duas das três quantidades mencionadas no título acima são necessárias para especificar as características de irradiação de uma antena que emite ondas linearmente polarizadas. A intensidade de irradiação U_0 pode ser expressa, em termos de E, como

$$P = \frac{E^2}{120\pi}$$

Então, pela definição de U_o, resulta

$$U_0 = \frac{E^2 r^2}{120\pi} \tag{7.38}$$

Levando-se em (7.38) o valor de E dado acima, encontra-se

$$U_0 = 30\pi \left(\frac{h_{ef}}{\lambda}\right)^2 I^2(o) \tag{7.39}$$

Pode-se dar uma nova maneira de se medir o ganho de uma antena, equivalente à que foi mencionada: é a relação entre as potências entregues a uma antena sob teste e uma isotrópica, para que produzam o mesmo campo, à mesma distância. Desta forma, sabe-se que a potência total irradiada pela antena real (sob teste), em termos de U_0 (valor médio da intensidade de irradiação), será

$$W_i = 4\pi U_0$$

A potência irradiada pela antena de referência pode ser dada pela expressão

$$W_i' = I^2(o)R_r$$

Assim, pela "nova" definição do ganho, tem-se

$$g_e \frac{W_i}{W_i'} = \frac{4\pi U_0}{I^2(o)R_r} \tag{7.40}$$

Levando o valor de U_0 da expressão (7.39) em (7.40), encontra-se

$$g_e = \frac{120\pi^2}{R_r} \left(\frac{h_{ef}}{\lambda}\right)^2 \tag{7.41}$$

que é a equação procurada. Pela reciprocidade existente na teoria de antenas, pode-se estender esse conceito às antenas de recepção, e isto daria, por exemplo,

$$W_{rec} = \frac{V^2}{4R_r} = \frac{E^2 h_{ef}^2}{4R_r} \qquad (7.42)$$

Introduzindo-se em (7.42) o valor de h_{ef} tirado da expressão anterior, que deu o ganho, encontra-se

$$W_{rec} = G_e \frac{E^2 \lambda^2}{4 \cdot 120\pi^2} = \frac{G_e \lambda^2}{4\pi} \cdot \frac{E^2}{120\pi} = \frac{\lambda^2}{4\pi} \cdot P = A_{rec} P \qquad (7.43)$$

Como foi visto, partiu-se de conceitos aplicáveis a antenas de transmissão e chegou-se aos que são aplicáveis às antenas de recepção.

EXERCÍCIOS RESOLVIDOS

1. Fazer uma estimativa da abertura efetiva máxima de uma antena cujos ângulos de meia potência valem respectivamente 30° e 25°, nos dois planos principais.

   A freqüência de operação é de 800 MHz.

   Solução Da equação (2.11), com $\phi_3 = 30°$ e $\theta_3 = 25°$, temos

   $$D \cong \frac{41.253}{30 \times 25} = 55$$

   Então, da equação (7.23), vem

   $$A_{em} \cong 0,62 \text{ m}^2$$

2. Suponha uma antena de polarização linear funcionando em 1.000 MHz, cuja diretividade seja de 1.000 e com uma resistência de irradiação de 50 Ω, antena esta suposta com eficiência 100%.

   Deseja-se saber:

   a) Quando esta antena funciona na recepção, em condições supostas iguais às do espaço livre, a uma distância de 10 km de uma fonte isotrópica que irradia 100 W, qual a potência recebida e entregue pela antena a uma carga casada?

   b) Neste caso, qual seria o valor do campo elétrico na recepção?

   c) Se a antena diretiva estivesse na transmissão e a fonte isotrópica na recepção, qual seria a potência recebida?

   d) Qual é o comprimento equivalente da antena diretiva?

Antena como área

Solução a) Temos, da equação (7.23),

$$A_{eR} = 7,16 \text{ m}^2$$

Então, da definição de área efetiva, temos

$$W_R = \frac{W_T}{4\pi r^2} A_{eR} \cong 0,57 \mu W$$

b) Com os valores anteriores, calculamos

$$P \cong 7,96 \times 10^{-8} W / m^2$$

Usando a equação (2.26), resulta

$$E = 7.75 \text{ mV} / m$$

c) Pelo teorema da reciprocidade, o resultado seria o mesmo, isto é, a potência recebida seria igual.

d) Usando a equação (7.41), calculamos
$$h_{ef} = 1,95 \text{ m}$$

3. Um satélite possui uma antena omnidirecional e um transmissor de 10 W, e está a 100.000 km de distância de uma estação receptora, onde existe uma antena com ganho 40 dBi (ou seja, 40 dB em relação à isotrópica) e eficiência 100%.

A freqüência de operação é de 1.000 MHz e as condições de propagação são iguais às do espaço livre. Calcular a potência recebida pela antena.

Solução Da equação (7.29), resulta

$$\frac{W_R}{W_T} = \left(\frac{\lambda}{4\pi r}\right)^2 G_R G_T$$

e, portanto,

$$W_R \cong 5,7 \times 10^{-15} W$$

4. Um dipolo de meia onda, em 100 MHz, infinitamente fino e sem perdas, está conectado a um receptor em condições ideais de casamento. Calcular a tensão na entrada do receptor, quando o campo elétrico na região da antena vale 1 mV/m.

Solução Sabe-se que o comprimento efetivo do dipolo de meia onda vale

$$h_{ef} = 0,32\lambda$$

A tensão na entrada do receptor será a metade da tensão induzida nos terminais do dipolo, que é dada pela equação (7.36).

Então, $V_e = \dfrac{V}{2} = 0,48$ mV

5. Um receptor de TV está a 50 km da estação transmissora, sendo o trajeto desobstruído. Qual deve ser a potência de transmissão para que haja uma tensão de 100 mV eficazes na entrada do receptor? Dados: freqüência 180 MHz; ganho das antenas 10 dBi; perda total em cabos e conectores 3 db. A impedância de entrada do receptor vale 50 Ω e as condições do casamento são ideais.

Solução A potência absorvida pelo receptor vale

$$W_R = \frac{V_e^2(\text{rms})}{R_e} = 2 \times 10^{-4}\,W \text{ ou } -7 \text{ dBm}$$

Usando a equação (7.35), resulta

$$W_T = \alpha_{\text{dB}} + W_{\text{RdBm}} \cong 88 \text{ dBm}$$

ou ainda

$$W_T \cong 643 \text{ kW}$$

Bibliografia

1. Jordan, E.C. e Balmain, K.G., *Ondas Eletromagnéticas y Sistemas Radiantes*, 2.ª ed., Prentice-Hall, Madrid, 1978.

2. Kraus, J. D., *Antenas*, McGraw-Hill, New York, 1950.

3. Thourel, L., *Les Antennes*, Dunod, Paris, 1971

4. Tai, Chen To, *Apostila do curso de CEM-20*, IDE-ITA, p.74, 1958.

8 MONOPOLOS

1 Introdução

As dificuldades de construção, montagem e alimentação de uma antena equilibrada desaparecem quando se passa a usar uma antena tipo monopolo, ou seja, aquela antena polarizada verticalmente que usa um plano de terra próprio. Esta antena, quando considerada em condições ideais (refletor perfeito e infinito), pode ser comparada ao dipolo de meia onda no espaço livre, dividindo-se as grandezas deste por dois (diagrama, resistência), exceto o ganho. Assim, a resistência de irradiação do monopolo de quarto de onda é a metade da do dipolo de meia onda, ou seja, da ordem de 35 Ω. O diagrama de irrradiação apresentado pelo monopolo de quarto de onda é o mesmo do dipolo de meia onda, dividido por 2, tal como se ilustra nas Figs. 8.1 e 8.2.

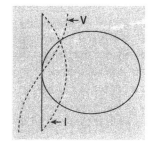

Figura 8.1
Dipolo de λ/2.

Dada a sua feitura, um dos condutores é a própria antena, haste vertical de um quarto de comprimento de onda, e o outro condutor é o plano que lhe serve de "terra", também chamado de plano refletor (Fig. 8.2). Dessa forma, as correntes que estão em jogo fluem pelo condutor cilíndrico da antena e pela superfície do plano refletor, prestando-se, portanto, para uma alimentação desbalanceada, ou seja, com cabo coaxial. Um cabo coaxial é de adaptação imediata e fácil a esta antena, bastando que se ligue seu condutor central à antena, propriamente, e a malha, ao plano de terra, em condições uniformes. Além disso, a baixa resistência de irradiação da antena favorece o uso de cabos coaxiais, também de baixos valores de Z_0.

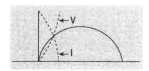

Figura 8.2
Monopolo de λ/4.

Não só pelas suas dimensões reduzidas, como pelas características da propagação, é a antena empregada em freqüências abaixo de 3 MHz. Contudo, dada a sua versatilidade, é muito usada em VHF e UHF, quando o ganho não é problema sério e em recepções que não são críticas.

É evidente que as dimensões do plano refletor, bem como as suas qualidades elétricas são importantes para o bom desempenho do conjunto. Mais adiante voltaremos a este ponto. Suas características direcionais, como se disse, são as mesmas do dipolo de meia onda: apresenta um diagrama circular, no plano horizontal, e um diagrama, no plano vertical, com um máximo na direção do plano de terra, no caso mais favorável (plano infinito).

Muitas vezes tais antenas aparecem com cargas de topo, com o que se objetiva aumentar o seu rendimento, pelas modificações em sua geometria. Assim, em BF, onde é difícil a realização de quartos de onda, por motivos de ordem econômica, reduz-se o seu comprimento físico, altera-se a sua geometria, de modo a fazer a antena "crescer" eletricamente. Dessa forma, *uma carga de topo, que se adicione a uma tal antena, nada mais é que uma capacitância colocada num circuito que, para preservar a freqüência de ressonância, exige uma redução de indutância (comprimento).*

Há casos em que antenas muito curtas são usadas, como ocorre em comunicações móveis. Entretanto, se observarmos bem, veremos que tais antenas são "carregadas" na base, em vez de o serem no topo, como em radiodifusão. De fato, na extremidade inferior destas antenas curtas (capacitivas), justamente no ponto de alimentação, vamos encontrar uma mola que, além de dar a necessária flexibilidade mecânica (antenas de autos de polícia, ambulância, etc.), são verdadeiras indutâncias colocadas no irradiador, para que ela "cresça" eletricamente e possa ressoar com a pouca capacitância que possui. É compreensível que os dois tipos de "carregamentos" destas antenas (topo e base) são viáveis em determinadas faixas. Seria tolice "carrregar" o topo de uma antena que devesse ser colocada num automóvel que se destina a correr em alta velocidade, da mesma forma que seria absurdo colocar-se uma torre vastíssima em cima de uma mola gigante, e acreditar que os ventos não viessem produzir estragos.

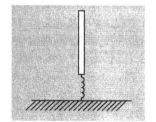

Figura 8.3
Monopolo com L concentrado.

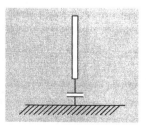

Figura 8.4
Monopolo $\lambda/4$ com C concentrado.

Em certos casos de freqüências não muito altas, pode-se conseguir ligeiros ajustes de impedância, pela inclusão de parâmetros concentrados (L e C). As Figs. 8.3 e 8.4 dão idéia do fato.

Quando se trata de baixas freqüências, é sério o problema de se conseguir eficiência de irradiação da antena. A menos de alguns detalhes que serão examinados, isto não acontece em freqüências mais altas, onde os valores usuais de R_r já são bem mais elevados e onde as perdas no plano de terra podem ser relegadas a segundo plano.

O plano de terra não é de realização muito fácil, quando se quer levar a exigência até os mínimos detalhes. Se a freqüência é alta, ainda é possível encontrar soluções de compromisso com suas dimensões, já que, nestas condições, não é difícil obter-se material uniforme de elevada condutibilidade. Em freqüências baixas faz-se mister uma espécie de "agronomia de alta freqüência", visando melhorar a condutibilidade do plano de terra, colocando fios radialmente, escolhendo locais úmidos, preparando misturas condutores para se juntarem ao solo comum, etc.

Em freqüências altas, o fato de não se usar um plano de terra de dimensões muito grandes implica modificação no diagrama de irradiação. Realmente, a posição do máximo de irradiação, que deveria ser localizada ao longo do plano de terra (ao longo do horizonte), não mais se verifica. Passa a existir uma inclinação de lóbulo, em seu valor máximo, que é tanto maior quanto menor for o plano de terra. A esta inclinação do lóbulo dá-se o nome de **ângulo de elevação** da antena. Para se dar ordem de grandeza, normalmente se faz o uso de plano de terra circular com um diâmetro de meia onda. Isto implica um ângulo de elevação de uns 30°. A Fig. 8.5 mostra bem o resultado da limitação do plano de terra.

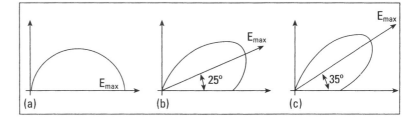

Figura 8.5
Variação do diagrama vertical de um monopolo de quarto de onda sobre uma superfície refletora.
No caso (a), supõe-se o diâmetro infinito para a superfície;
em (b), admite-se um diâmetro de vários comprimentos de onda;
em (c), tem-se o caso de um plano de terra com diâmetro de um comprimento de onda.

Contudo certas simplificações podem ser feitas, no caso de se tratar de freqüência alta. O plano de terra não necessita ser, nem se poderia imaginar, contínuo. Pode ser constituído de elementos radiais espaçados com regularidade em torno da antena (Fig. 8.6). Ao contrário das freqüências baixas, o intervalo entre as extremidades de tais radiais não deve ser superior a um décimo do comprimento de onda, valor perfeitamente aceitável em VHF. Adota-se, por vezes, intervalos muito maiores (dois condutores ortogonais, apenas), quando não se faz muita questão das condições de irradiação.

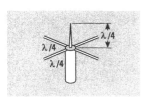

Figura 8.6
Modificação no plano de terra, com utilização de radiais. Introduz deformações no diagrama.

Por outro lado, um modo de se compensar a ângulo de elevação consiste em se **virar** o plano de terra para baixo, gradualmente, tendendo a se transformar num cone. Com tal recurso, consegue-se fazer a antena irradiar ao longo da horizontal (Fig. 8.7). Vale a

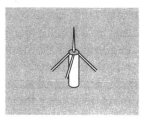

Figura 8.7
Virando-se as varetas do plano de terra para a parte inferior, de modo a formarem as geratrizes de um cone, algumas deformações são compensadas.

Figura 8.8
Uso comum do monopolo em comunicações móveis. O diagrama não é previsível com facilidade.

pena observar, porém, que a contínua transformação do plano de terra em cone levará o sistema de quarto de onda para seu correspondente no espaço livre, que é o dipolo de meia onda. Realmente, o cone, na proporção em que iria diminuindo seu ângulo, iria tendendo para o cilindro igual ao cilindro de cima, que é a antena de quarto de onda. Mas, como fruto dessa observação, de que o plano de terra deformado pode favorecer o ângulo de irradiação, passa-se a aceitar a carroceria do carro como um desses casos e compreendemos porque os carros podem falar entre si e com as estações centrais (em linha de vista, se em VHF) (Fig. 8.8).

A Fig. 8.9 ilustra ainda os diagramas de monopolos de $\lambda/4$ cujo plano de terra é simulado por fios radiais. Estes resultados foram obtidos pelo método dos momentos (referência 9).

Cumpre observar, ainda, que, pelo fato de sua adaptação ao cabo coaxial ser natural, não havendo necessidade de se usar nenhum dispositivo intermediário, a antena de quarto de onda leva vantagem sobre o dipolo de meia onda, no que diz respeito à largura de faixa, só limitada pela própria antena.

As deformações que podem ser levadas a efeito numa antena tipo plano de terra (monopolo de quarto de onda) não se limitam ao plano de terra apenas. Pode-se obter formas diferentes do próprio irradiador e conseguir outras vantagens. Foi o que fez Kandoian (*IRE*, fevereiro, 1946), trazendo à baila a famosa antena **discone**, de qualidades excelentes como antena [Fig. 8.10(a)] e a antena de disco [Fig.8.10(b)].

A antena de quarto de onda apresenta uma impedância baixa, metade da do dipolo de meia onda. Como o dipolo, a prática cujo diâmetro vai contribuir para redução de sua R_r não atinge os 70 Ω e sim se mantém na faixa dos 50 a 70 Ω, é fácil ver que a antena de quarto de onda poderá ultrapassar a casa dos 35 Ω, vindo desde 25Ω.

Figura 8.9 Diagramas de irradiação de monopolos de $\lambda/4$ sobre fios radiais:
a) $R \cong 0,5\lambda$;
..... 4 fios;
——20 fios;
b) $R \cong 1\lambda$;
— 4 fios;
-.-.- 20 fios.
R = raio do círculo simulado pelos fios. Os diagramas em traço cheio referem-se a monopolos sobre discos contínuos.

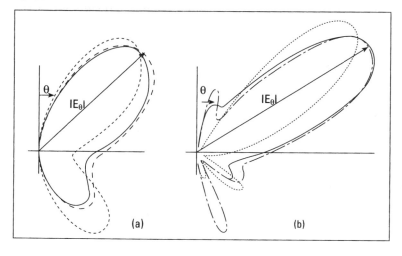

Monopolos

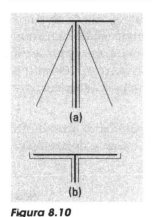

Figura 8.10
(a) Antena discone.
(b) Antena de disco.

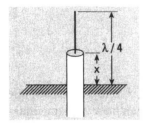

Figura 8.11

Ora, os cabos coaxiais de impedância mais baixa ficam por volta dos 50 Ω. Deseja-se, então, fazer com que uma antena, de construção tão fácil, seja bem casada. Fazendo valer a usa equivalência com dipolo de meia onda, é fácil conseguir tal objetivo. É o que se deduz, a seguir, com base na Fig. 8.11:

$$P = \frac{1}{2} R_0 I_0^2 = \frac{1}{2} R_r(x) I_0^2 \cos^2 \beta x$$

$$R_r(x) = \frac{R_0}{\cos^2 \beta x}$$

No caso teórico,

$$R_r(x) = \frac{36,5}{\cos^2 \beta x}$$

De acordo com a expressão acima, para $x = 1/8$ de comprimento de onda, teríamos $R_1(x) = 73\ \Omega$, valor da impedância característica de cabo coaxial encontrado no comércio. Um valor de x ainda menor daria condições de casamento com o cabo de 52 Ω, também encontrado no comércio.

2 Monopolos para freqüências baixas

Devido às características de propagação, em freqüências baixas faz-se uso de antenas verticais, do tipo monopolo. As qualidades do solo em que as antenas serão instaladas, o comprimento de onda usado, as limitações de natureza econômica e certas restrições legais quanto ao projeto tornam a construção de uma antena bastante difícil.

Nos estudos relativos à impedância na base, definidores de sua geometria, ou conseqüência da geometria imposta, ficou visto, no Cap. V, que a teoria pode ajudar muito pouco. Possivelmente pode-se ter uma previsão de comportamento, com uma apreciável margem de erro. Mesmo que se apele para os modelos, uma certa porcentagem de erros ainda subsiste. Prefere-se fazer um projeto com base em outros já realizados, aproveitando-se, assim, a experiência alheia.

O estudo que se segue visa, justamente, fornecer um mínimo de indicações para que se possa começar a enfrentar o problema das antenas de grande porte utilizadas em radiodifusão.

A dificuldade quanto à obtenção de valores razoáveis para a impedância da antena poderá ser melhor compreendida num exemplo simples. Imagine que se deve projetar uma antena para operar em 100 kHz e cuja altura não possa ultrapassar os 200 m (por motivos de ordem legal, por exemplo). Deseja-se saber qual será sua resistência de irradiação.

A equação 4.10, deduzida para o dipolo curto, quando for relacionada para o monopolo curto (como é o caso do exemplo), dará como resultado

$$R_r = 40\pi^2 \left(\frac{h}{\lambda}\right)^2 \cong 10(\beta h)^2 \qquad (8.1)$$

Ora, a fração $\dfrac{h}{\lambda}$, para este caso, nos dá

$$\frac{h}{\lambda} = \frac{200}{3000} = \frac{2}{30}$$

Assim, pela equação (8.1), tem-se

$$R_r = 1,8\Omega$$

É evidente que um valor tão baixo de R_r é impraticável, não só pela dificuldade de se conseguir um alimentador com impedância tão reduzida, como pelo fato de as próprias resistências de perdas, que serão vistas, já serem maiores que ela, o que contribuirá para uma redução substancial da eficiência de irradiação. Procura-se, então, fazer com que a antena cresça eletricamente, sem que sua altura se exagere muito. É bom lembrar que a altura tem implicações que afetam o custo seriamente, tanto de construção como de conservação, mas pode ser uma imposição legal e cabível, como o caso das instalações próximas de aeroportos ou dentro de zona de segurança dos vôos.

Ora, sabe-se que uma antena que foi projetada curta significa que apresenta uma indutância baixa, insuficiente para operar numa certa freqüência de operação. Como aumentar indutância implica acréscimo físico de seu comprimento, recorre-se ao outro parâmetro, a capacitância. Aumentando-se a capacitância, tem-se em vista compensar a pouca indutância da antena, para que ela volte a operar na freqüência desejada.

Nas antenas de radiodifusão, que são aquelas em que este problema é mais grave, recorre-se à carga de topo, que é uma capacitância adicional introduzida na antena. Ver-se-á que isto corresponde a aumentar o seu comprimento elétrico, sem implicar aumento de sua altura, uma vez que essa carga de topo é disposta horizontalmente.

2.1 Antenas com cargas de topo

Demonstra-se que a resistência de irradiação de uma antena vertical, com uma carga de topo horizontal uniforme, pode ser dada com aproximação razoável pela equação

$$R_r = 40(\beta h)^2 \left[1 - \frac{h}{h+b} + \frac{1}{4}\left(\frac{h}{h+b}\right)^2\right] \qquad (8.2)$$

em que b é o comprimento equivalente em altura, que, se fosse adicionado a h, exigiria a mesma corrente.

Em outras palavras, na parte alta da torre irradiante, não se vai ter um mínimo de corrente na parte inferior de b, se a altura h fosse aumentada de b. O mínimo de corrente transferir-se-á para o extremo superior de b. A Fig. 8.12 explica melhor que as palavras. Por aí se vê que a introdução da porção horizontal b corresponde a se ter uma torre com altura $h + b$ e dobrada na extremidade superior de h, projetando b na horizontal, presevando, na altura h, o mesmo valor que a corrente iria apresentar se a antena fosse inteiramente vertical.

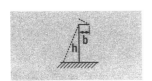

Figura 8.12

A Fig. 8.13 mostra que a colocação de b não fica restrita a um só lado da parte vertical, mas pode ser distribuída de modo simétrico no topo de h. A Fig. 8.14 indica que a estrutura que vai como carga de topo pode não ser simplesmente linear, mas pode ser em formato de um plano, ou mesmo de radiais dispostas em simetria. O formato varia, mas o objetivo é um só: aumentar o comprimento elétrico, para que se tenha um conseqüente aumento em R_r e, portanto, na eficiência de irradiação.

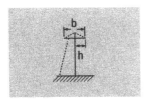

Figura 8.13

Então, tudo se passa como se tivéssemos dobrado a antena em dois pedaços h e b, ou seja, como se o comprimento elétrico da antena fosse $h + b$.

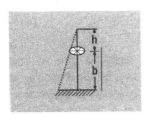

Figura 8.14

A corrente no ponto mais alto de h tem o mesmo valor que no início da porção horizontal b. Como se trata de antena curta, e já foi dito que, neste caso, a distribuição de corrente é praticamente linear, observando-se a figura formada por esse distribuição de corrente e a própria antena vertical, vemos que se trata de um triângulo. Por causa disso, costuma-se falar que a corrente apresenta uma distribuição triangular. Há uma relação entre área coberta por essa "distribuição triangular" (Fig. 8.15) e a resistência de irradiação. Evidentemente essa relação só é válida enquanto a distribuição for "triangular", ou seja, enquanto o monopolo for curto. Considere-se a corrente como normalizada em relação ao seu valor na base. Este valor será unitário, portanto, e, a ele, vamos

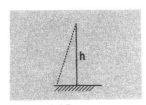

Figura 8.15

aferir o valor da corrente nos outros pontos da antena. Uma vez admitida a distribuição linear, aceita-se que o decréscimo de I seja constante, da base para cima.

Seja $h°$ o comprimento elétrico da antena, expresso em graus. A corrente na base da antena será 1. A área do triângulo formado pela corrente e pela antena será

$$A = \frac{h°}{2} \times I_b = \frac{h°}{2} 1 = \frac{h°}{2} \ (\text{graus - ampère})$$

Mas o comprimento em graus se calcula pela relação

$$h° = \frac{360 \times h}{\lambda}$$

Então, a área A passará a ser

$$A = \frac{360 \times h}{2\lambda} = \frac{180h}{\lambda}$$

Resulta, pois;

$$h = \frac{A\lambda}{180}$$

Levando-se esta última expressão em (8.1), tem-se

$$R_r = 40\pi^2 \left(\frac{A\lambda}{180\lambda} \right)^2 = 0,01215 \ A^2 \tag{8.3}$$

Então, ao se colocar uma carga no topo, o que se fez, efetivamente, foi aumentar a área de distribuição da corrente ao longo da antena. E a nova área será calculada tendo-se como base I_b e a de topo I_t, unidade algo estranha que é "graus-ampère". Para as antenas com carga de topo, a área será calculada pela relação

$$A = \frac{h}{2} \left(\frac{I_t}{I_b} + 1 \right) \tag{8.4}$$

onde h é dado em graus.

Por essa expressão, vê-se que a relação entre as correntes de topo e de base é que passa a ser importante, isto é, dada uma altura h, o valor final da R_r dependerá diretamente de quanto se consegue na relação entre as correntes das partes vertical e horizontal. Baseado nisto, é que a Fig. 8.16 já fornece o valor da resistência de irradiação para vários valores dessa relação, em função da altura da antena. E é esta figura que deve ser usada em cálculos, como primeira abordagem do problema.

Tanto a equação 8.2 como a 8.3 devem ser aplicadas para monopolos curtos, conforme já foi advertido, nos quais a distribuição de corrente é a chamada triangular ou linear.

No exemplo dado antes da antena para 100 kHz, com 200 m de altura, viu-se que a $R_r = 1,8\ \Omega$. Se for introduzida uma seção horizontal, com um comprimento adequado para que a relação entre as correntes de topo e de base seja 0,8, o valor da R_r subirá para 5,8 Ω. E o procedimento adotado é o seguinte:

1. Comprimento elétrico da antena vertical:

$$\frac{2\pi \times 200}{3.000}\ \text{radianos} = 24°$$

2. Pela Fig. 8.16, para que a carga de topo seja tal que $I_t/I_b = 0,8$, com esta altura vertical, teremos

$$R_r = 5,8\ \Omega$$

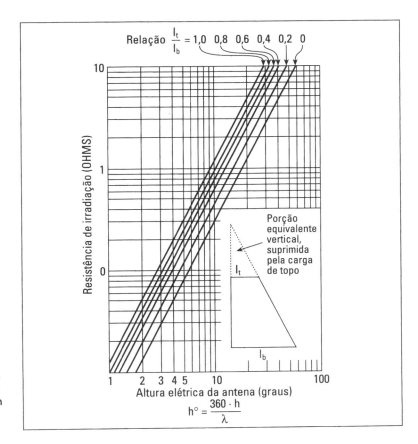

Figura 8.16
Gráfico que mostra os valores da resistência de irradiação para antenas tipo torres irradiantes, em função do seu comprimento elétrico.

3. Mas isto corresponderia a uma antena vertical com um comprimento de 44° ($I_t/I_b = 0$). Dessa forma, houve um acréscimo de 20°, pela adição da porção horizontal.

4. A antena com 44° corresponde a um comprimento geométrico de

$$44 = \frac{360 \times h}{3.000}$$

5. Assim, a parte horizontal deverá ter aproximadamente um comprimento de 72 m, no topo da antena, podendo formar uma figura em forma de L ou de T, dependendo das condições mecânicas que passariam a predominar no problema daí para frente.

É preciso observar que este número, embora deduzido com a restrição de que as antenas devam ser consideradas curtas, deve ser aceito como aproximado. Isto é compreensível, uma vez que, ao se colocar uma carga de topo, novas capacitâncias parasíticas aparecem, com valores dificilmente previsíveis. Mas, normalmente, estes são os cálculos aceitáveis para ataque inicial do problema.

2.2 Eficiência da torre irradiante

De tudo o que foi dito até agora, conclui-se que o monopolo curto é capacitivo e que se faz necessário recorrer a uma indutância na entrada da antena, do tipo concentrado, para compensar a reatância capacitiva. Nas antenas cujo comprimento não ultrapassa os 20% do comprimento de onda, a parte reativa (capacitiva) pode ser calculada por

$$X = -Z'_0 \cot \beta h \qquad (8.5)$$

onde $Z'_0 = 60 \left(\log_e \frac{h}{a} - 1 \right)$, onde a = raio da torre suposta cilíndrica; h = altura geométrica.

A realização da indutância que neutralize tal reatância é um problema sério, na técnica de antenas de baixas freqüências. Isto se percebe, de imediato, quando se atenta para o fato de que, em radiodifusão, empregam-se e correntes elevadas, acarretando altas perdas em dielétricos e em condutores. Assim, o dispositivo que irá compensar a reatância terá uma influência na eficiência de irradiação. Este problema de eficiência está relacionado com o da bobina de sintonia. A eficiência de uma antena polarizada verticalmente, para uso em freqüência baixa, será dada por

$$v = \frac{R_r}{R_r + R_g + R_a + R_L + R_i} \qquad (8.6)$$

onde

R_r = resistência de irradiação da antena,
R_g = resistência do solo,
R_a = resistência ôhmica do condutor da antena,
R_L = resistência ôhmica do condutor da bobina de sintonia,
R_i = resistência do isolador da base.

Normalmente $R_g > R_r$, motivo pelo qual deve haver uma escolha criteriosa do solo em que a antena vai ser instalada, ou uma preparação do mesmo. É comum escolherem-se zonas alagadas, por servirem como condutores elétricos bem melhores que as terras secas. Quando isto não é possível, prepara-se o solo, na já citada "agronomia de alta freqüência", colocando-se misturas condutoras (carvão, sais), juntamente com fios de cobre dispostos radialmente em número bastante elevado[*] (cerca de 120 por antena). Dessa forma, procura-se reduzir a perda pelo lado de R_g e a eficiência correrá por conta dos demais elementos.

O isolador da base, em geral, é de porcelana e deve ter boas qualidades tanto elétricas como mecânicas, uma vez que é sobre ele que a antena vai se apoiar diretamente. A Fig. 8.17 dá uma idéia de como uma torre irradiante é instalada, e a Fig. 8.18 ilustra o efeito que pode apresentar o isolador da base, se não for de boa qualidade. Observe-se que o referido isolador deverá suportar toda a carga representada pelo peso da antena e mais o esforço dos estais. Nem sempre as qualidades elétrica e mecânica podem estar presentes ao mesmo tempo.

Para redução da perda ôhmica, no condutor da bobina, recorre-se a tubos de cobre de boa qualidade, às vezes prateados, por dentro dos quais se pode admitir uma refrigeração à água, para o caso de se utilizarem potências elevadas. Estas bobinas são de dimensões avantajadas, justamente para reduzir as perdas. É comum ver-se, junto da base da antena, a "casa de sintonia", dentro da qual se coloca esta bobina.

Infelizmente, pouco se pode fazer quanto ao condutor da antena, uma vez que se trata de uma estrutura mecânica muito grande e que exige materiais como ferro, ou ferro cadmiado para sua construção. No caso do ferro, sempre se usa, ainda, a pintura da antena para proteção contra intempéries e para impedir que o óxido de ferro aumente ainda mais a perda.

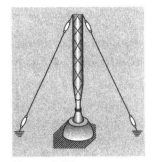

Figura 8.17

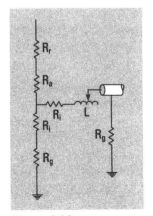

Figura 8.18

---

[*] 120 radiais de $\lambda/2$, com afastamento angular de 3°, darão as condições de terra perfeitamente condutora para antenas maiores que 45° (referência 5).

A limitação da eficiência acaba por se amarrar ao tamanho da torre, em termos de comprimento de onda, o que irá fazer com que a R_r seja baixa. Na prática, estima-se a eficiência de uma antena em porcentagem, como sendo 3/4 de seu comprimento elétrico em graus. É uma expressão empírica, mas que tem dado resultados concordantes com as observações. No caso dos exemplos dados, para a antena de 200 m, sem carga de topo, quando seu comprimento elétrico era de 24°, a eficiência poderia ser estimada em

$$\frac{3}{4} \times 24° = 18\%$$

Ao se aumentar o comprimento elétrico da antena, com a introdução de uma seção horizontal, a eficiência deverá ter aumentado. Realmente, a nova torre irradiante fica com um comprimento elétrico de 44° e sua eficiência seria dada por

$$\frac{3}{4} \times 44° = 33\%$$

2.3 Antenas muito curtas

A Fig. 8.19 nos dá uma idéia dos circuitos habitualmente usados em antenas de freqüência baixa. Com tais circuitos, pode-se calcular a potência irradiada, que será

$$W_i = I_a^2 R_a = \frac{I_a^2 X_a}{Q_a}$$

Notemos, porém, que, nesta representação da Fig. 8.19, só a bobina comparece como fonte de perda. Neste caso, a perda de perda de potência na indutância seria

$$W_L = I_a^2 R_L = \frac{I_a^2 X_L}{Q_L}$$

Figura 8.19

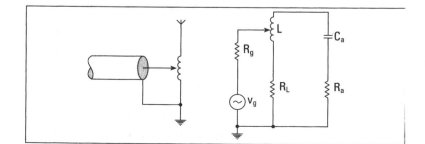

Nestas expressões

$$Q_a = \frac{X_a}{R_a}$$

$$Q_L = \frac{X_L}{R_L}$$

são os Q's da antena e da bobina.

No casamento, $X_a \cong X_L$ e a eficiência do sistema simplificado, como na Fig. 8.19, seria

$$v = \frac{Q_L}{Q_a + Q_L}$$

Para antenas muito curtas, $Q_a >> Q_L$ e $\cot \beta h \cong 1/\beta h$, logo

$$X_a = \frac{Z_0'}{\beta h}$$

e assim

$$Q_a = \frac{Z_0' / \beta h}{R_a} = \frac{Z_0' / \beta h}{10(\beta h)^2} = \frac{Z_0'}{10(\beta h)^3}$$

de modo que

$$v \cong \frac{Q_L}{Q_a} = \frac{10Q_L}{Z_0'}(\beta h)^3 \tag{8.7}$$

Esta relação nos mostra que, para antenas muito curtas e sem cargas de topo, a eficiência varia com o cubo da altura da antena.

2.4 Sintonia múltipla

Um outro recurso usado para se aumentar a eficiência das antenas, sem recorrer às cargas de topo, quando a freqüência é muito baixa, consiste em se usar o processo da **sintonia múltipla**. A antena passa a ser constituída de vários condutores, todos com a mesma característica geométrica, formando, assim, uma grande superfície capacitiva. Esses N condutores verticais são sintonizados em uma freqüência com auxílio de indutâncias (Fig. 8.20). A alimentação é feita por um condutor, e a corrente se subdivide pelos N condutores, cada qual com sua própria rede de solo. As correntes estão em fase e, em face do grande comprimento de onda, não surge qualquer efeito de diretividade, sendo o diagrama particularmente

Figura 8.20
Sintonia múltipla.

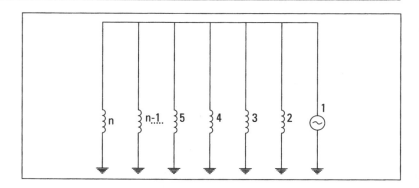

circular no plano horizontal. Nestas condições, é fácil ver que a resistência de irradiação do conjunto (R'_r) é dada por

$$R'_r = N^2 R_r \qquad (8.8)$$

pois a potência total irradiada vale

$$I^2 R_r = \left(\frac{I}{N}\right)^2 R'_r$$

sendo R_r a resistência de irradiação de cada condutor (Fig. 8.20).

Dessa forma, obtêm-se eficiência melhor e condições mais favoráveis para casamento.

É bom que se deixe bem claro um conceito: "frequência fundamental de uma antena vertical é a frequência mais baixa na qual a reatância no ponto de alimentação é nula".

2.5 Problema de aplicação*

Calcular a R_r e a eficiência de uma torre irradiante que apresenta os seguintes dados:

freqüência de operação:

    50 kHz (λ_0 = 6.000 m)

freqüência fundamental:

    176 kHz

altura física da porção vertical:

    137 m = 0,023λ_0

comprimento elétrico da porção vertical:

    8° a 50 kHz (360 × 0,023 ≅ 8°)

---

* Ver referência 5.

comprimento elétrico de toda a antena a 50 kHz:

25,5° (com topo);

resistência total medida a 50 kHz:

2,8 Ω

A distribuição de corrente na porção vertical é computada na freqüência fundamentada de 176 kHz. Uma antena simples, para esta freqüência, seria ressonante ($X_c = 0$) e teria aproximadamente a altura

$$h = \frac{\lambda}{4} = \frac{3 \times 10^8}{4 \times 176 \times 10^3} = 427 \text{ m}$$

Esse sistema equivalente também tem um comprimento de 25,5° em 50 kHz ($360 \times 426/6.000 = 25,5°$), sua distribuição de corrente deveria corresponder a 25,5° de uma onda senoidal, medida a partir do topo. Os 8° da parte inferior destes 25,5° corresponderiam à porção vertical da antena em questão. A carga de topo é equivalente aos 17,5° da parte superior dos 25,5° (288 m) da antena vertical equivalente. A relação da corrente de topo para a base é

$$\frac{I_T}{I_b} = \frac{\text{sen } 17,5°}{\text{sen } 25,5°} = \frac{0,30}{0,43} = 0,7$$

Agora, indo no gráfico (para a altura vertical de 8° e $I_T/I_b = 0,7$), temos $R_r = 0,56$ Ω. Então

$$v = \frac{0,56}{2,8} = 0,20 \text{ (ou 20\%)}$$

Pela fórmula prática,

$$v = \frac{3}{4} \times 25,5° = \frac{76,5}{4} = 19,1\%$$

2.6 Antena com carga de topo

A reatância pode ser dada pela expressão

$$X_a = Z_0' \frac{X_1 \cos G_v + jZ_0' \text{ sen } G_v}{Z_0' \cos G_v + jX_1 \text{ sen } G_v} \tag{8.9}$$

X_1 e G_v são ambos função da freqüência, o que permite o cálculo de X_a numa certa faixa em particular, na freqüência fundamental

$X_a = 0$, o que exige

$$X_1 \cos\ G_v + jZ_0'\ \text{sen}\ G_v = 0$$

ou

$$X_1 = \frac{-jZ'\ \text{sen}\ G_v}{\cos G_v}\ \left(\text{reatância de topo}\right) \qquad (8.10)$$

Em cada formato especial da carga de topo, temos um modo de calcular a reatância. Aconselhamos leitura da referência 2.

2.7 Considerações adicionais sobre antenas curtas

O comprimento efetivo, e, portanto, a tensão induzida de uma antena curta, é proporcional ao seu comprimento físico h, e sua resistência de irradiação é proporcional ao quadrado de h [ver equação (8.2)]. Todavia, em teoria, a máxima potência que pode ser absorvida por uma carga casada é

$$W = \frac{V_{\text{ind}}^2}{4R_r} \qquad (8.11)$$

que é independente de h, para pequenos valores de h. Verdadeiramente, quando se leva em conta as perdas por acoplamento, demonstra-se que a eficiência, e, portanto, a máxima potência utilizável tende a variar com o cubo de comprimento, para antenas muito curtas.

2.8 Antenas de radiodifusão (freqüências médias)

Por causa da sua importância econômica, as antenas de radiodifusão receberam uma grande parte da atenção da literatura especializada. Os fatores mais discutidos são a altura das torres e a distribuição de corrente (que determinará o diagrama vertical), o ponto de alimentação, a impedância de entrada, as perdas, e eficiência e, no caso de uma rede, o diagrama horizontal.

À medida que a altura h de uma antena vertical aumenta de um comprimento muito curto para valores maiores, a intensidade de campo no horizonte ($\theta = 90°$), para uma dada potência de entrada, primeiro cresce e depois decresce, mesmo que a antena ainda continue aumentado o comprimento h, o que se ilustra na Fig. 8.21.

Esta dependência do campo, em relação à altura da antena, é o resultado das sucessivas mudanças por que vai passando o

Figura 8.21
Variação do campo à distância de 1 km da antena, para θ = 90° e para potência de irradiação de 1 kW, no caso de um monopolo vertical de altura *h*, e eficiência de irradiação = 1. O campo é dado em mv/m. Observe que o maior valor é obtido para a antena de *h* = 0,64λ, e que, no caso dos monopolos curtos (*h* < 0,25λ), o valor do campo se estabiliza.

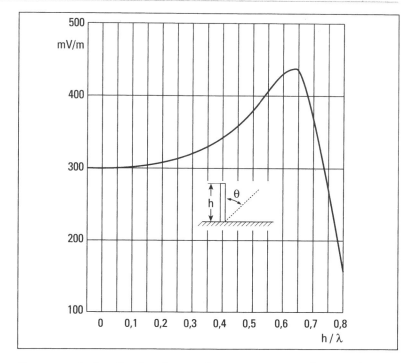

diagrama de irradiação, de acordo com as respectivas variações da distribuição de corrente, como se poderá constatar pela Fig. 8.22, para dipolos equivalentes de comprimento $2h$. No caso de h muito pequeno, o diagrama vertical é dado por sen θ e a forma deste diagrama muda muito pouco com a altura, até que h se torne um quarto de onda, como pode ser visto na Fig. 8.22(b) (certamente, apenas a parte superior desta figura deve ser considerada, pois se trata de monopolos).

Para h igual a um quarto de onda, o acréscimo de intensidade de campo sobre um monopolo curto será de apenas 7%. Acima de um quarto de onda, contudo, a intensidade de campo na direção do horizonte continua a crescer, atingindo um máximo para $h_\lambda = 0,64$, voltando, em seguida, a decrescer, agora mais rapidamente, caindo a zero para h igual a um comprimento de onda (Fig. 8.21). O decréscimo que se verifica a partir de $0,64\lambda$ é devido ao fato de que o lóbulo secundário que começou a aparecer por volta de $h = 0,5\lambda$, agora se torna grande e mais e mais potência estará sendo irradiada nos ângulos destes lóbulos.

Nos trabalhos de radiodifusão nos quais a cobertura das transmissões é feita por onda de superfície apenas (a onda que é irradiada para $\theta = 90°$), este ângulo de elevação da energia irradiada é pernicioso por dois motivos. Primeiro, pelo fato de ele retirar a energia que deveria ser jogada na direção do horizonte. Segundo,

Figura 8.22
Diagramas de irradiação de antenas alimentadas no centro: (a) diagrama horizontal; (b) diagrama vertical para dipolo curto. Os demais diagramas são verticais para dipolos de vários comprimentos, a saber: (c) meia onda; (d) uma onda; (e) uma onda e meia; (f) duas ondas. Observe-se que, em cada caso, supôs-se uma distribuição de correntes que está indicada ao lado.

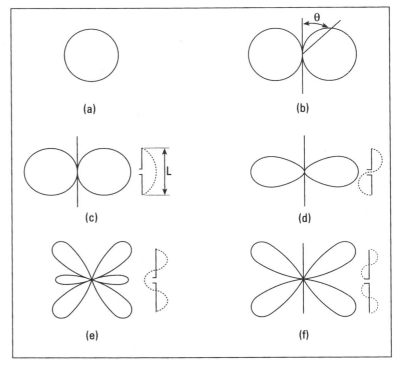

porque, à noite, em lugar das emissões serem absorvidas pela ionosfera, como ocorreu durante o dia, as ondas irradiadas são refletidas para a terra, dando sinais fortes a centenas ou mesmo milhares de quilômetros adiante do transmissor.

Nos primórdios da radiodifusão, isto era até desejável, dado o reduzido número de emissoras. Mas, atualmente, com a tremenda saturação do espectro, é necessário limitar as estações em número e em potência, às vezes em diagrama, para evitar as indesejáveis interferências da onda celeste de uma na onda terrestre da outra. Por causa disto, embora o máximo teórico para o comprimento da antena seja $0{,}64\lambda$, uma antena que seja um pouco menor dará uma relação melhor entre os ângulos de irradiação para o horizonte e outras direções determinadas pelos lóbulos secundários. A altura mais usada nos dias de hoje é de $0{,}59\lambda$.

2.9 Determinação da largura de faixa

A resistência e a reatância representadas nas curvas das Figs. 8.23 e 8.24 podem ser usadas para calcular a largura de faixa de uma antena. Note-se que a relação *G/D* tem uma influência maior sobre a reatância enquanto *G* varia com a freqüência.

Para ilustrar a predição da resposta da antena, vamos

Figura 8.23 Resistência medida na base de irradiadores verticais cilíndricos, sobre uma terra que seja perfeitamente condutora (cf., Brown e Woodward, citado em Laport, p.123).

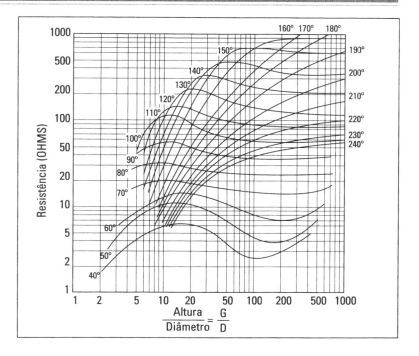

considerar um problema prático de cálculo da resposta de um irradiador vertical de 60°, em 550 kHz, para freqüências laterais de +10 e –10 kHz. Este irradiador tem uma altura de 91 m e uma seção triangular uniforme, com 1,58 m de lado. O perímetro desta seção é de 4,74 m, que consideraremos equivalente a uma seção cilíndrica de mesmo comprimento (perímetro), o que implica um raio equivalente de 1,51 m. Então, a relação $G/D = 60$. Os valores de resistência e reatância são tirados das Figs. 8.23 e 8.24 e, interpolando para pequenos valores de G, nas vizinhanças de $G = 60°$ e $G/D = 60$, obteremos as seguintes informações:

variação da reatância: 6,8 Ω, por grau de variação em G;
variação de G com freqüência: 1,2°, por 10 kHz;
em 550 kHz, $Z_a = 9{,}8 - j118$;
em 540 kHz, $Z_a = 9{,}2 - j126$;
em 560 kHz, $Z_a = 10{,}4 - j110$.

Se toda a reatância está sintonizada em 550 kHz com um indutor de reatância $j118$, então, nas freqüências laterais, vamos encontrar

Freqüência (kHz)	R	X	θ (graus)	dB
540	9,2	$-j8$	41,7	–2,52
550	9,8	0	0	0
560	10,4	$+j8$	40,5	–2,36

Figura 8.24
Reatância em série medida na base de irradiadores verticais cilíndricos, sobre uma terra perfeitamente condutora.
(v. ref. Fig. 8.23).

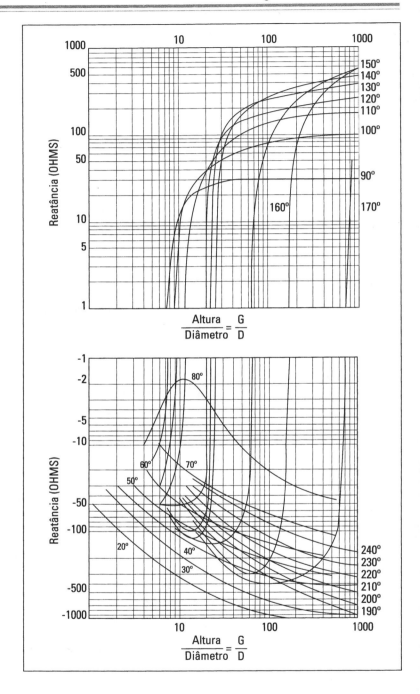

Como se observa, os ângulos de fase da reatância estão próximos dos 45°, valor que daria exatamente os pontos de −3 *dB*. Então, a antena proposta pode ser empregada na freqüência central 550 kHz, que responderá bem a uma largura de faixa de ± 10kHz.

Até 1924, as antenas de freqüência média eram simples extensões das de freqüência baixa. Aplicava-se a mesma técnica, apenas reduzindo-se a dimensão física, em face da redução de λ. Ballantine demonstrou, a partir de 1924, que

1. acima de $\lambda/4$, a R_r continua a crescer e atinge valores elevados para $\lambda/2$;

2. existe uma altura ótima do irradiador, para se obter máxima intensidade de campo emitido na superfície do solo;

3. como já começa a surgir problema de *fading*, há um comprimento ótimo, ligeiramente menor que o desejável, para campo mais intenso. Em geral, a altura de campo mais intenso seria de 225° e a altura de *fading* menos intenso é da ordem de 190°.

Ainda aqui se faz uso das torres irradiantes diante das vantagens econômicas e também porque a propagação é predominantemente vertical.

São fornecidas também, como dados complementares, as curvas de Chamberlain e Lodge (Fig. 8.25), para determinação da resistência e reatância de torres irradiantes.

Figura 8.25
Variação da resistência R e da reatância X, entre a base da torre e a terra, conforme os estudos de Chamberlain e Lodge. As linhas cheias mostram os resultados obtidos (médias) para 5 torres estaiadas; as linhas pontilhadas dão os resultados obtidos (médias) para 3 torres do tipo auto-suportada. Observe-se a diferença para torres de altura de mesma altura, por apresentarem "tipo físico" diferente, (Reference Data For Radio Engineers, p. 674).

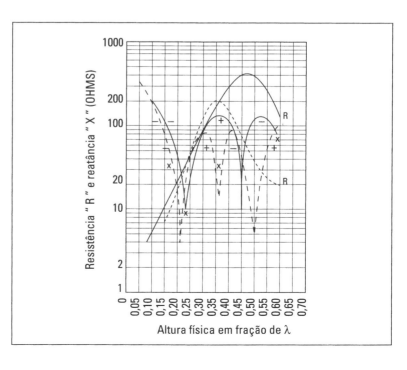

138   *Engenharia de antenas*

EXERCÍCIOS RESOLVIDOS

1. Uma torre uniforme, de seção transversal com área 0,63 m², tem uma altura de 120 m. Calcular a impedância de base em 1.300 kHz.

Solução   Supondo válidas as condições fixadas pelas Figs. (8.23) e (8.24), resulta

$$G = \beta h = 187,2°$$

Logo

$$Z_{base} \cong 350 - j450 \ \Omega$$

2. Uma estação de radiodifusão, operando em 1 MHz, com um transmissor de potência 50 kw, utiliza uma torre irradiante de 60 m de altura, com seção quadrada de 1,43 m de lado. Determinar a impedância de entrada da antena e valor do elemento reativo a ser ligado em série com ela a fim de anular sua reatância. Considerando as resistências de perda abaixo descritas, e estando o gerador casado ao sistema, calcular a eficiência da antena:

> torre   = 1 Ω,
> sistema de terra = 5 Ω,
> rede de casamento = 1 Ω.

Solução   A reatância de entrada pode ser estimada pela equação (8.5) e o raio equivalente à seção quadrada vale, pela equação (4.22),

$$a = 0,84 \ m$$

Então resulta

$$X = -63,72 \ \Omega$$

Desta forma, a reatância da antena pode ser anulada por um indutor em série cuja indutância vale

$$L \cong 10 \ microhenrys$$

A resistência de entrada é dada pela Fig. 4.11:

$$R_r \cong 20 \Omega$$

Então, de acordo com a equação (8.6), a eficiência fica

$$v = 0,74$$

Bibliografia

1. *Electronics*, vol. 7, agosto, 1934, p. 238.

2. *Proc. IRE*, vol. 23, abril, 1935, p. 311.

3. *Proc. IRE*, vol. 23, março, 1935, p. 256.

4. Jordan, E.C. e Balmain, K.G., *Ondas Eletromagnéticas y Sistemas Radiantes*, 2.ª ed., Prentice-Hall, Madrid, 1978.

5. Laport, E., *Antenna Engineering*.

6. Williams, H. P., *Antenna Theory and Design*, Sir Isaac Pitman & Sons, Londres, vol. II, 1950.

7. Kraus, J. D., *Antenas*, McGraw-Hill, New York, 1950.

8. *Radiotron Designer's Handbook*, 4.ª ed., p. 429.

9. Alves, A., *Cálculo Numérico das Características de Antenas Formadas por Rede de Fios Condutores*, Tese de Mestrado, Instituto Tecnológico de Aeronáutica, 1977.

A P Ê N D I C E I

Equação da resistência de irradiação

Na referência 2, o autor dá o valor da R_r para antenas carregadas que reproduzimos:

$$R_r = \frac{30}{\text{sen}^2 \, G} \left[\text{sen}^2 \, B \left\{ \frac{\text{sen} \, (2A)}{2A} - 1 \right\} - \frac{\cos \, (2G)}{2} \cdot \right.$$
$$\cdot \left\{ C + \log \, (4A) - \text{Ci} \, (4A) \right\} +$$
$$+ \left\{ 1 + \cos \, (2G) \right\} \left\{ C + \log \, (2A) - \text{Ci}(2A) \right\} + \tag{8.12}$$
$$\left. + \text{sen} \, (2A) \left\{ \frac{\text{Si} \, (4A)}{2} - \text{Si} \, (2A) \right\} \right].$$

onde $G = \beta h$ = altura elétrica = $A + B$;

$$\beta = \frac{2\pi}{\lambda}$$

$h =$ altura vertical

$$A = \frac{360h}{\lambda} \text{graus}$$

$$B = \frac{360b}{\lambda} \text{graus}$$

$b =$ comprimento da porção senoidal da onda suprimida pelo capacitor;

$c = 0{,}57721$ (constante de Euler).

APÊNDICE II
Perdas na bobina de sintonia

Como vai circular corrente de RF na bobina, é claro que as suas perdas aumentarão com a freqüência, devido ao efeito pelicular. A título de curiosidade, vamos deixar registradas algumas expressões que nos permitem fazer o cálculo da bobina, a menos das considerações de efeito Joule e isolação.

1 Cálculo para bobinas de sintonia*

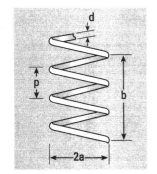

Figura 1

Suponhamos uma bobina tal como se acha representada na Fig. 1 em corte. Nessa figura, b é o tamanho (altura) da bobina; p é seu passo; d, o diâmetro do seu condutor; a é o raio da bobina.

A menos das constantes que definem a sobretensão na bobina e das perdas devidas à irradiação, pode-se tomar a expressão a seguir como válida em temperaturas da ordem de 30°C (fórmulas de Nagaoka, referência 8):

$$L = \frac{0{,}0396\, a^2 n}{P} K_4 \text{ microhenry}$$

sendo $n = \dfrac{b}{p} =$ número de espiras.

Daí se tira

$$L = \frac{0{,}0396\, a^2 b}{p^2} K_4 = \frac{0{,}0396\, a^2 b}{d^2} K_1^2 K_4$$

onde $K_1 = d/p$. Fazendo-se

$$K_2 = \frac{b}{2a}$$

tira-se

$$L = \frac{0{,}0792\, a^3 K_1^2 K_2 K_4}{d^2} \text{ microhenry,} \qquad (8.13)$$

onde

    d = diâmetro do condutor da bobina
    p = passo da bobina

---
* Notas coletadas nas conferências do professor L. Thourel, ITA, setembro, 1964.

$2a$ = diâmetro da bobina
b = comprimento total da bobina
$K_1 = d/p$
$K_2 = b/2a$
K_4 = dado na tabela 8.1, como função de K_2

sendo todas essas dimensões em cm.

TABELA 8.1   COEFICIENTE K_4 DA FÓRMULA DE NAGAOKA

2 a/b ou 1/K_2	K_4	2 n/b ou 1/K_2	K_4	2 a/b ou 1/K_2	K_4
0,00	1,0000	1,75	0,5579	5,00	0,3188
0,05	0,9791	1,80	0,5511	5,20	0,3122
0,10	0,9588	1,85	0,5444	5,40	0,3050
0,15	0,9391	1,90	0,5379	5,60	0,2981
0,20	0,9201	1,95	0,5316	5,80	0,2916
0,25	0,9016	2,00	0,5255	6,00	0,2854
0,30	0,8838	2,10	0,5137	6,20	0,2795
0,35	0,8665	2,20	0,5025	6,40	0,2739
0,40	0,8499	2,30	0,4918	6,60	0,2685
0,45	0,8337	2,40	0,4816	6,80	0,2633
0,50	0,8181	2,50	0,4719	7,00	0,2584
0,55	0,8031	2,60	0,4626	7,20	0,2537
0,60	0,7885	2,70	0,4537	7,40	0,2491
0,65	0,7745	2,80	0,4452	7,60	0,2448
0,70	0,7609	2,90	0,4370	7,80	0,2406
0,75	0,7478	3,00	0,4292	8,00	0,2366
0,80	0,7351	3,10	0,4217	8,50	0,2272
0,85	0,7228	3,20	0,4145	9,00	0,2185
0,90	0,7110	3,30	0,4075	9,50	0,2116
0,95	0,6995	3,40	0,4008	10,00	0,2033
1,00	0,6884	3,50	0,3944	10	0,2033
1,05	0,6777	3,60	0,3882	11	0,1903
1,10	0,6673	3,70	0,3822	12	0,1790
1,15	0,6573	3,80	0,3764	13	0,1692
1,20	0,6475	3,90	0,3708	14	0,1605
1,25	0,6381	4,00	0,3654	15	0,1527
1,30	0,6290	4,10	0,3602	16	0,1457
1,35	0,6201	4,20	0,3551	17	0,1394
1,40	0,6115	4,30	0,3502	18	0,1336
1,45	0,6031	4,40	0,3455	19	0,1284
1,50	0,5950	4,50	0,3409	20	0,1236
1,55	0,5871	4,60	0,3364	22	0,1151
1,60	0,5795	4,70	0,3321	13	0,1078
1,65	0,5721	4,80	0,3279	26	0,1015
1,70	0,5649	4,90	0,3238	28	0,0959

2 Resistência em altas freqüências

$$\frac{R_{AC}}{R_{DC}} = 0,96D\sqrt{f}\sqrt{\frac{\mu_r\rho_c}{\rho}} + 0,26 \qquad (8.14)$$

D = diâmetro do condutor em polegadas
f = freqüência em Hz
μ_r = permeabilidade magnética relativa ($\mu_r = 1$, para cobre e materiais não-magnéticos)
ρ_c = resistividade do cobre a 20°C = $1,724 \times 10^6$ Ω cm
ρ = resistividade do material a qualquer temperatura
R_{AC} = resistência em freqüência alta

R_{DC} = resistência em corrente contínua $= \dfrac{\rho l}{A}$

l = comprimento do condutor
A = área da seção reta

Para o caso do cobre ($\rho_c = \rho$; $\mu_r = 1$):

$$\frac{R_{AC}}{R_{DC}} = 0,96D\sqrt{f} + 0,26 \qquad (8.15)$$

9 REDES DE ANTENAS

1 Introdução

Denomina-se **rede** um conjunto de antenas (que são os **elementos** da rede) em geral do mesmo tipo e com igual orientação do espaço, dispostas de maneira a produzir diagramas de irradiação predeterminados, via de regra objetivando um aumento de diretividade, ou ainda, atender a certas especificações quanto à distribuição de energia no espaço.

Neste capítulo serão estudados as **redes lineares** cujos elementos são espaçados igualmente ao longo de uma linha reta. Se os elementos da rede forem excitados com correntes de igual amplitude e com defasagem progressiva e uniforme, a rede será chamada **linear** e **uniforme**.

No estudo das redes de antenas, é importante que o cálculo dos campos irradiados seja considerado em regiões muito distantes das fontes irradiantes, de sorte que elas possam ser consideradas como sendo puntiformes e o espaçamento entre elas desprezível, face à distância da rede até o ponto de observação. Dessa forma, iremos considerar paralelos os raios provenientes dessas fontes.

2 Rede linear e uniforme de fontes isotrópicas

Vamos considerar, inicialmente, o caso de n fontes isotrópicas separadas pela mesma distância d e cujas amplitudes sejam iguais (Fig. 9.1). O campo normalizado total a uma grande distância da rede vale

$$E = 1 + e^{j\psi} + e^{j2\psi} + \ldots + e^{j(n-1)\psi} \tag{9.1}$$

Figura 9.1
Rede linear de *n* fontes puntiformes com espaçamento *d* entre elementos adjacentes.

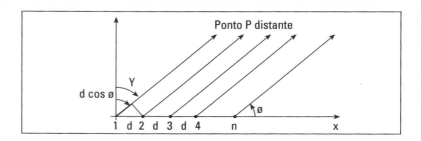

sendo

$$\psi = \delta + d_r \cos\phi \tag{9.2}$$

Esta é a diferença **total** de fase entre campos produzidos por duas fontes adjacentes, dada pela soma das diferentes de fase δ na excitação e $d_r \cos\phi = (2\pi/\lambda)d \cos\phi$ devido à variação da distância entre as fontes e o ponto de observação.

A expressão do campo (9.1) nada mais é do que a soma dos termos de uma série geométrica de razão $e^{j\psi}$ e vale

$$E = \frac{e^{jn\psi} - 1}{e^{j\psi} - 1} \tag{9.3}$$

Desenvolvendo mais ainda a expressão (9.3), resulta:

$$E = \frac{e^{jn\psi/2}\left(e^{jn\psi/2} - e^{-jn\psi/2}\right)}{e^{j\psi/2}\left(e^{j\psi/2} - e^{-j\psi/2}\right)}$$

ou, lembrando que

$$\operatorname{sen}\alpha = \frac{e^{j\alpha} - e^{-j\alpha}}{j2}$$

fica

$$E = e^{j\frac{n-1}{2}\psi} \frac{\operatorname{sen}(n\psi/2)}{\operatorname{sen}(\psi/2)} \tag{9.4}$$

Este é, então, o campo total produzido pela rede na direção ϕ. A amplitude máxima do campo ocorre em $\psi = 0$:

$$\lim_{\psi \to 0} \frac{\operatorname{sen}(n\psi/2)}{\operatorname{sen}(\psi/2)} = n \tag{9.5}$$

de modo que a função

$$\frac{1}{n} \frac{\operatorname{sen}(n\psi/2)}{\operatorname{sen}(\psi/2)} \tag{9.6}$$

dá o módulo do campo normalizado.

O campo expresso por (9.6) é conhecido como **fator de rede** e aparece na Fig. 9.2 para alguns valores de n, em função do ângulo ψ. Assim, conhecida a variação de ψ com ϕ (equação 9.2), o diagrama de campo poderá ser obtido diretamente a partir da Fig. 9.2, como mostrado no exemplo de aplicação seguinte.

Exemplo — Cálculo do diagrama de campo normalizado para uma rede linear e uniforme de quatro fontes isotrópicas com distância $d = \lambda/18$ e diferença de fase $\delta = -90°$ entre elementos consecutivos.

Neste caso, a ângulo ψ resulta, da equação (9.2),

$$\psi = -\frac{\pi}{2} + 0{,}35 \, \cos \, \phi$$

Como $|\cos \phi| \leq 1$, a faixa de variação de ψ é dada aproximadamente por $-110° \leq \psi \leq -70°$, de forma que, consultando a Fig. 9.2 na curva $n = 4$, resultam os valores da seguinte tabela

ψ Graus	ϕ Graus	Fator de rede	Campo normalizado
-70	0	0,28	1
-75	41	0,21	0,74
-82,5	68	0,10	0,35
-87,2	82	0,04	0,13
-90	90	0	0
-92	96	0,03	0,09
-96,5	109	0,08	0,28
-102,3	128	0,13	0,47
-110	180	0,20	0,70

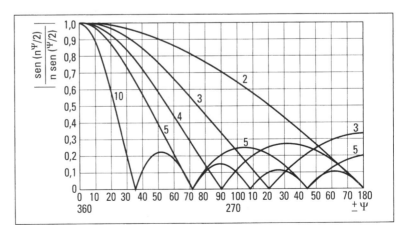

Figura 9.2
Diagramas de campo referentes à rede linear e uniforme de n fontes isotrópicas.

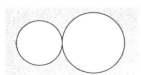

Figura 9.3
Diagrama de irradiação no plano ϕ referente à rede linear e uniforme de quatro fontes isotrópicas, com espaçamento $d = \lambda/18$ e diferença de fase $\delta = -90°$, entre elementos adjacentes.

A Fig. 9.3 ilustra este diagrama de irradiação.

Há alguns tipos particulares de redes que encontram maior aplicação prática e que são descritos a seguir.

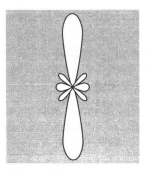

Figura 9.4
Exemplo de rede transversal. Diagrama de irradiação no plano ϕ para n = 5 e d = λ/2.

2.1 Rede transversal (*broadside*)

É aquela que apresenta máxima irradiação numa direção transversal à linha dos elementos, ou seja, a $\phi = 90°$ e $\phi = 270°$, de acordo com o referencial aqui adotado. Entrando, então, com $\psi = 0$ (correspondendo ao máximo de irradiação) e $\phi = \pm 90°$ na equação 9.2, encontramos $\delta = 0$, que é a condição característica da rede transversal.

Dessa forma, neste tipo de rede, o ângulo ψ vale sempre

$$\psi = d_r \cos\phi \tag{9.7}$$

pois a fase da excitação é a mesma para todos os elementos. A Fig. 9.4 mostra o fator de rede para o caso particular de $n = 5$ e $d = \lambda/2$.

2.2 Rede longitudinal (*endfire*)

É aquela que apresenta máxima irradiação na direção determinada pela linha dos elementos, ou seja, em $\phi = 0°$ e $\phi = 180°$. Então, da mesma forma que no caso anterior, entrando com $\psi = 0°$ e $\phi = k \cdot 180°$ ($k - 0$ ou $k - 1$) na equação 9.2, resulta

$$\delta = \pm d_r \tag{9.8}$$

que é a condição característica da rede transversal.

Neste caso, ficamos com

$$\psi = d_r(\cos\phi \pm 1) \tag{9.9}$$

Em particular, para espaçamento $d = \lambda/2$ resulta $\delta = 180°$, ou seja, a fase da excitação se inverte entre dois elementos consecutivos na rede. A Fig. 9.5 mostra o fator de rede para $n = 5$ e $d = \lambda/2$.

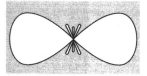

Figura 9.5
Exemplo de rede longitudinal. Diagrama de irradiação no plano ϕ para n = 5 e d = λ/2.

2.3 Rede longitudinal com diretividade aumentada

Hansen e Woodyard[*] mostraram que uma rede longitudinal com máximo de irradiação em $\phi = 0°$ tem sua diretividade aumentada, se a diferença de fase δ for feita:

---

[*] Hansen, W. W., e Woodyard, J. R., "A New Principle in Directional Antenna Design". Proc. IRE, 26, março, 1938.

$$\delta = -\left(d_r + \frac{\pi}{n}\right) \tag{9.10}$$

o que resulta em

$$\psi = d_r(\cos\phi - 1) - \frac{\pi}{n} \tag{9.11}$$

A Fig. 9.6 ilustra o fato, mostrando os diagramas de campo para uma rede de dez fontes isotrópicas nos dois casos: rede longitudinal comum e com diretividade aumentada. Nota-se um evidente aumento de diretividade no último caso, com ângulo de meia potência igual a 37°, contra 68° do primeiro caso. Os valores de diretividade são, respectivamente, 19 e 11.

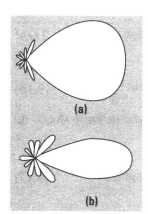

Figura 9.6
Diagramas de campo referentes à rede longitudinal linear e uniforme de dez fontes isotrópicas com espaçamento λ/4.
(a) Rede longitudinal comum (δ = 0,5π);
(b) diretividade aumentada (δ = 0,6π).

2.4 Comparação entre rede transversal e rede longitudinal

Uma forma interessante de comparação entre os três tipos de redes apresentados é feita pela **abertura de feixe**, ou seja, o ângulo total entre os dois primeiros nulos adjacentes ao máximo de irradiação.

De acordo com a análise de Schelkunoff[*], da equação 9.3 conclui-se que, para $e^{j\psi} \neq 1$, os nulos do diagrama ocorrem quando $e^{jn\psi} = 1$, ou seja, quando $n\psi = \pm k \cdot 360°$ para $k = 0, 1, 2, \ldots$. Substituindo-se o valor de ψ na equação 9.2, resulta a direção dos nulos:

$$\phi_0 = \cos^{-1}\left[\frac{1}{d_r}\left(\pm\frac{k\,360}{n} - \delta\right)\right] \tag{9.12}$$

Para a rede transversal, definida por d = 0, fica

$$\phi_{0_{\text{transversal}}} = \cos^{-1}\frac{k\lambda}{nd} \tag{9.13}$$

Como, neste caso, o ângulo entre o máximo de irradiação e o primeiro nulo vale

$$\xi_0 = 90° - \phi_{0_{\text{transversal}}} \tag{9.14}$$

então, a abertura de feixe será dada pelas equações (9.13) e (9.14) com $k = 1$:

$$2\,\xi_0 = 2\,\text{sen}^{-1}\frac{\lambda}{nd} \quad (\text{rede transversal}) \tag{9.15}$$

---

[*] Schelkunoff, S.A., "A Mathematical Theory of Arrays", BSTJ, 22, janeiro, 1943.

Além disso, para a rede longitudinal comum com $\delta = -d_r$ (equação 9.8), a direção dos nulos será dada por (equação 9.12)

$$\phi_{0_{\text{longitudinal}}} = \cos^{-1}\left(-\frac{k\,360}{nd_r} + 1\right)$$

ou seja,

$$\cos\phi_{0_{\text{longitudinal}}} = 1 - \frac{k\,360}{nd_r}$$

Usando, agora, a identidade trigonométrica $\cos a \equiv 1 - 2\,\text{sen}^2 (a/2)$, resulta

$$\phi_{0_{\text{longitudinal}}} = 2\,\text{sen}^{-1}\sqrt{\frac{k\,180}{nd_r}} = 2\,\text{sen}^{-1}\sqrt{\frac{d\lambda}{2nd}} \qquad (9.16)$$

Neste caso, a abertura de feixe é simplesmente o dobro do ângulo dado acima, quando $k = 1$, é assim

$$2\xi_0 = 4\,\text{sen}^{-1}\sqrt{\frac{\lambda}{2\,nd}} \quad \text{(rede longitudinal)} \qquad (9.17)$$

Finalmente, para a rede longitudinal com diretividade aumentada, a abertura de feixe resulta

$$2\,\xi_0 = 4\,\text{sen}^{-1}\sqrt{\frac{\lambda}{2\,nd}} \begin{pmatrix}\text{rede longitudinal com}\\\text{diretividade aumentada}\end{pmatrix}(9.18)$$

Como se depreende das equações (9.17) e (9.18), a abertura de feixe na rede com diretividade aumentada vale $1/\sqrt{2}$, ou seja, cerca de 70% do valor na rede longitudinal comum.

Todos esses resultados estão ilustrados estão na Fig. 9.7, que mostra a abertura de feixe para os três tipos de redes em função de

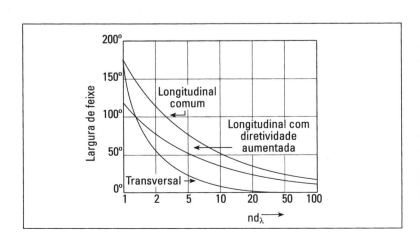

Figura 9.7
Largura de feixe para rede linear e uniforme de *n* fontes isotrópicas.

nd_r, que, para n grande, dá aproximadamente o **comprimento** da rede em termos de λ [o comprimento exato seria $(n-1)d_r$].

Numa primeira análise, a rede transversal mostra um comportamento superior às outras redes. Cabe lembrar, porém, que uma comparação completa em termos de abertura de feixe deverá ser feita sempre nos dois planos principais.

No caso particular ora abordado, ou seja, de redes com elementos isotrópicos, a rede tranversal tem diagrama **circular** no plano normal à linha dos elementos (eixo da rede), enquanto as redes longitudinais apresentam diagramas iguais nos dois planos principais que contêm a direção de máxima irradiação.

3 Redes de duas fontes isotrópicas

O caso particular de redes com dois elementos isotrópicos merece uma observação especial, porque, em primeiro lugar, possibilita um melhor entendimento do assunto por se constituir no caso mais simples possível. Além disso, várias das conclusões aqui extraídas poderão ser usadas em redes com maior número de elementos, inclusive dentro do conceito de redes formadas por outras redes e também na utilização do princípio de multiplicação de diagramas, a serem examinados mais adiante.

Substituindo-se, assim, $n = 2$ na equação (9.4), resulta o campo produzido pela rede de duas fontes isotrópicas:

$$E = 2e^{j\frac{\psi}{2}} \cos \frac{\psi}{2} \qquad (9.19)$$

Entretanto, se consideramos as fontes dispostas simetricamente em relação à origem (Fig. 9.8), esta expressão se reduz a

$$E = 2\cos\frac{\psi}{2} = 2\cos\frac{\delta + d_r \cos\phi}{2} \qquad (9.20)$$

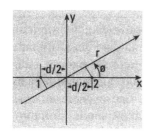

Figura 9.8
Rede simétrica de duas fontes isotrópicas.

A Fig. 9.9 mostra quarenta diagramas de irradiação calculados com a equação (9.20), os quais foram apresentados por Brown[*]. Os diagramas são plotados para $\lambda/8 \leq d \leq \lambda$ e $0° \leq \delta \leq 180°$, abrangendo, então, praticamente toda a faixa de maior interesse. Em particular, nota-se o caso de rede transversal ($\delta = 0°$): no espaçamento $d/\lambda = 0,5$, o campo total é nulo em $\phi = 0°$ e $\phi = 180°$, ou seja, na direção do eixo da rede. Isto ocorre porque a diferença de fase devido à variação de $\lambda/2$ no trajeto corresponde a 180°, e

---
[*] Brown, G. H. "Directional Antennas", Proc. IRE, 25, janeiro, 1937.

Figura 9.9
Diagramas de campo no plano φ referente à rede uniforme de duas fontes isotrópicas (diagramas de Brown). O círculo sobreposto em cada figura indica a intensidade de campo de um só elemento.

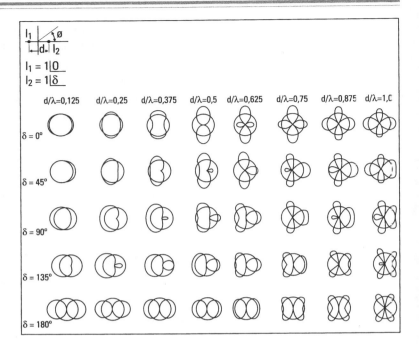

como os elementos são excitados em fase, o resultado é o cancelamento total dos campos nessa direção. Por outro lado, na direção normal ao eixo da rede, os campos chegam em fase e se adicionam, correspondendo, então, à máxima irradiação. Note-se, também, o caso de rede longitudinal, por exemplo d/λ = 0,5 e δ = 180°.

4 Redes de fontes não-isotrópicas — Princípio de multiplicação de diagramas

Os casos vistos até agora, inclusive na generalização, pressupõem o uso de fontes isotrópicas. Agora deve-se estudar a possibilidade de associar antenas quaisquer, formando uma rede para os mais variados usos. É preciso ficar claro que o que se estudou para as fontes isotrópicas tem validade prática, já que existem antenas com diagrama *omnidirecional* num dos planos, sendo, portanto, de aplicação direta tudo o que vimos para fontes isotrópicas.

É o caso, por exemplo, das transmissões dirigidas em radiodifusão, quando se faz uso de mais de um monopolo. Tais monopolos apresentam uma irradiação que se distribui circularmente, podendo ser encarada como um caso particular de fonte isotrópica num dos planos, que é o que interessa realmente: o plano horizontal. Assim, é possível fazer-se aplicação do estudo das fontes isotrópicas para a radiodifusão em transmissão dirigida, pois os diagramas da Fig. 9.9 valem também como diagramas horizontais de redes de dois monopolos verticais.

Em freqüências mais elevadas, quando as transmissões devem ser principalmente direcionais, recorre-se a pequenas redes de dipolos ou monopolos, os quais, em polarização vertical, apresentam individualmente no plano horizontal um diagrama circular. Então, obtêm-se cardióides e outras figuras interessantes, todas praticamente dentro das especificações previamente traçadas. Desta forma, o estudo de redes de fontes isotrópicas encontra aplicação direta, desde que limitado a um só plano.

O estudo de redes constituídas por fontes não-isotrópicas, mas similares, pode ser considerado como sendo uma extensão do estudo de redes de fontes isotrópicas. Por fontes **similares**, deve-se entender como sendo aquelas cujos campos, no ponto distante P, apresentam, em amplitude e fase, a mesma variação com o ângulo ϕ. Os valores máximos das amplitudes das fontes individuais podem ser diferentes. No caso dessas amplitudes também serem iguais, as fontes serão chamadas de **idênticas**, além de serem **similares**.

Assim, no caso de fontes idênticas não-isotrópicas, podemos escrever uma equação análoga à equação (9.1), porém considerando, agora, o diagrama de irradiação $f(\phi)$ de uma fonte individual ou seja, de um elemento da rede. Nesse caso, o campo normalizado total será dado por

$$E = f(\phi) + f(\phi)e^{j\psi} + f(\phi)e^{j2\psi} + \ldots + f(\phi)e^{j(n-1)\psi} \qquad (9.21)$$

ou ainda,

$$E = f(\phi)\left[1 + e^{j\psi} + e^{j2\psi} + \ldots + e^{j(n-1)\psi}\right] \qquad (9.22)$$

Usando também o resultado da equação (9.4), podemos escrever, então, que

$$E = f(\phi)e^{j\frac{n-1}{2}\psi}\frac{\operatorname{sen}\left(n\ \psi\ /\ 2\right)}{\operatorname{sen}\left(\psi\ /\ 2\right)} \qquad (9.23)$$

Esse resultado é o mesmo que se obteria com a multiplicação do diagrama de uma das fontes pelo diagrama produzido por uma rede formada de fontes isotrópicas, ou seja, pelo fator de rede. Para a situação mais geral de fontes similares, onde as amplitudes das excitações não são necessariamente iguais, a conclusão é semelhante, somente levado em conta, no diagrama da rede de fontes isotrópicas, as diferenças de amplitude. Esse caso mais geral não será tratado aqui, sendo, porém, encontrado na bibliografia citada no final do capítulo.

Podemos, então, enunciar o **princípio de multiplicação de diagramas**:

"*o diagrama de irradiação de uma rede de fontes não-isotrópicas, mas similares, é o produto do diagrama de uma das fontes pelo diagrama de uma rede formada por fontes isotrópicas, tendo as mesmas disposições, amplitudes relativas e mesmas fases que as fontes originais na rede*".

Como ilustração desse princípio (PMD), vamos tomar o caso de uma rede de dois dipolos curtos separados de $\lambda/2$, orientados segundo ψ e excitados com amplitudes iguais e fases opostas (Fig. 9.10). O diagrama de irradiação desse dipolo curto é dado por $f(\phi) = \cos \phi$; e, de acordo com o PMD e a equação(9.20), o diagrama da rede será

$$\cos \phi \cos \left(\frac{\pi}{2} + \frac{\pi}{2} \cos \phi \right)$$

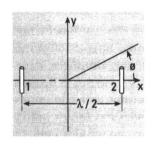

Figura 9.10
Rede uniforme de dois dipolos curtos.

A Fig. 9.11(a) mostra esse resultado, indicando o diagrama final como a "multiplicação" de dois outros.

Se as fases de excitação forem iguais, o novo diagrama da rede valerá

$$\cos \phi \cos \left(\frac{\pi}{2} \cos \phi \right)$$

o que está mostrado na Figura 9.11(b).

No caso geral de redes com mais de dois elementos do tipo referido como exemplo, cada grupo de dois dipolos poderá ser visto como uma fonte não-isotrópica na rede total. Isto implica uma extensão do princípio de multiplicação de diagramas, permitindo, assim, que se tenha o diagrama total da rede a partir do

Figura 9.11
Princípio de multiplicação de diagramas: o diagrama da rede de dois dipolos é igual ao produto do diagrama de um dipolo pelo fator de rede.
(a) fases opostas;
(b) fases iguais.

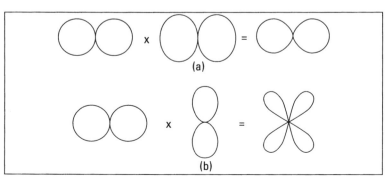

diagrama de uma rede mais simples de dois dipolos. Isto significa que o referido princípio pode ser aplicado n vezes para encontrarmos os diagramas das redes de redes.

Bibliografia

1. Kraus, J. D., *Antenas*, McGraw-Hill, New York, 1950.
2. Jordan, E.C. e Balmain, K.G., *Ondas Eletromagnéticas y Sistemas Radiantes*, 2ª ed., Prentice-Hall, Madrid, 1978.
3. Thourel, L., *Les Antennes*, Dunod, Paris, 1971.

10 REDES DE DIPOLOS DE MEIA ONDA

1 Introdução

Neste capítulo serão utilizadas as conclusões de capítulos anteriores, nos quais foram estudadas as propriedades gerais das redes de fonte isotrópicas e o princípio de multiplicação de diagramas (PMD). Além disso, utilizaremos, também, as informações já vistas sobre o dipolo de meia onda.

O método usado é geral e poderá ser aplicado a qualquer tipo de rede. Considera-se, apenas, o caso de redes formadas por dois elementos, a mais simples de todas; e os dipolos serão supostos finos e ideais. Na prática, haverá sempre uma certa espessura que deverá ser levada em conta, mas já ficou visto como isto pode ser feito.

De acordo com a equação (4.3), a amplitude do campo elétrico produzido por um dipolo de meia onda infinitamente fino, situado no espaço livre, na origem das coordenadas, e dirigido segundo o eixo z, vale

$$E_\theta = \eta \, \frac{I_0}{2\pi r} \frac{\cos\left(\dfrac{\pi}{2}\cos\,\theta\right)}{\operatorname{sen}\,\theta} \tag{10.1}$$

sendo I_0 a corrente no ponto de excitação do dipolo.

Conseqüentemente, a uma distância r fixa no plano ϕ, o campo valerá

$$E_\theta \,(\text{plano }\phi) = \eta \, \frac{I_0}{2\pi r} = kI_0 \tag{10.2}$$

Ademais, as equações do quadripolo cujos acessos são os terminais de duas antenas são (equação 2.30)

$$\begin{aligned} V_1 &= Z_{11}I_1 + Z_{12}I_2 \\ V_2 &= Z_{21}I_1 + Z_{22}I_2 \end{aligned} \tag{10.3}$$

de maneira que as impedâncias de entrada das duas antenas valem

$$Z_1 = \frac{V_1}{I_1} = Z_{11} + \frac{I_2}{I_1} Z_{12}$$

$$Z_2 = \frac{V_2}{I_2} = \frac{I_1}{I_2} Z_{12} + Z_{11} \tag{10.4}$$

pois $Z_{11} = Z_{22}$, devido ao fato de serem os dois dipolos iguais, e $Z_{12} = Z_{21}$, por reciprocidade.

Vamos, então, examinar alguns casos clássicos em redes de dois dipolos de meia onda, determinando as características básicas em cada caso, a saber, o campo distante produzido pela rede (em valor absoluto), a impedância de entrada dos elementos e o ganho respectivo da rede.

2 Rede transversal de dois dipolos de meia onda

Aplicando-se o PMD, resulta, das equações (10.2), (9.7) e (9.20), o campo no plano ϕ (plano xy) produzido pela rede de dois dipolos dispostos segundo o eixo x (Fig. 10.1):

$$E_\theta\left(\phi\right) = 2\ kI_0 \cos \frac{d_r \cos\ \phi}{2} \tag{10.5}$$

Com as equações (10.1) e (9.20), calculamos o campo no outro plano principal que contém a direção de máxima irradiação (plano $\phi = 90$):

$$E_\theta\left(\phi\right) = 2\ kI_0 \frac{\cos\ \left(90° \cos\ \theta\right)}{\text{sen}\ \theta} \tag{10.6}$$

Nota-se que, de fato, a rede resulta transversal, pois as direções de máxima irradiação nos dois planos principais são transversais e coincidentes.

A Fig. 10.1 ilustra os diagramas dados por (10.5) e (10.6), para espaçamento $d = \lambda/2$.

No caso da rede transversal, as equações (10.4) indicam, para impedância de entrada dos dipolos,

$$Z_1 = Z_2 = Z_{11} + Z_{12} \tag{10.7}$$

Figura 10.1
Rede transversal de dois dipolos de meia onda. Diagramas de campo para espaçamento $d = \lambda/2$.

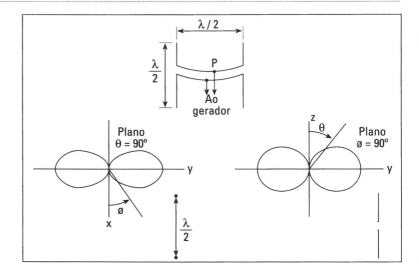

pois estamos supondo amplitudes e fases iguais na excitação. Portanto, $I_1 = I_2$.

O ganho em intensidade de campo da rede em relação a um elemento, ou seja, em relação ao dipolo de meia onda, pode ser calculado como a relação entre os campos produzidos pela rede e pelo dipolo, supondo a mesma potência de entrada. Aliás, pela própria definição, pode-se afirmar que o valor máximo de ganho não depende do plano em que é calculado. Para facilitar esta análise, suporemos que os dipolos não apresentam perdas.

Sendo essa rede totalmente simétrica ($R_{11} = R_{22}$; $Z_1 = Z_2$), as potências irradiadas pelos dois elementos são iguais, e sua soma dá a potência total irradiada W, que, por sua vez, é igual à potência fornecida pelo gerador, dentro das hipóteses assumidas. Assim, podemos escrever

$$W = W_1 + W_2 = 2I_1^2(R_{11} + R_{12}) \tag{10.8}$$

donde

$$I_1 = \sqrt{\frac{W}{2(R_{11} + R_{12})}} \tag{10.9}$$

Então, nesses termos, o campo produzido pela rede no plano ϕ é dado pela equação (10.5), com $I_0 = I_1$:

$$E_\theta(\phi)_{rede} = 2k\sqrt{\frac{W}{2(R_{11} + R_{12})}} \cos\frac{d_r \cos \phi}{2} \tag{10.10}$$

Além disso, o campo produzido por um único dipolo (o dipolo de referência) no plano ϕ é dado por (10.2), com $I_0 = \sqrt{W / R_{11}}$

$$E_\theta \left(\phi\right)_{\text{dipolo}} = k \sqrt{\frac{W}{R_{11}}} \qquad (10.11)$$

e o ganho da rede em relação ao dipolo, dividindo (10.10) por (10.11) e tomando o módulo, resulta

$$G\left(\phi\right) = \sqrt{\frac{2\,R_{11}}{R_{11} + R_{12}}} \left| \cos \frac{d_r \cos \phi}{2} \right| \qquad (10.12)$$

O ganho máximo ocorre em $\phi = 90°$ e vale, portanto,

$$G_{\text{campo}} = \sqrt{\frac{2\,R_{11}}{R_{11} + R_{12}}} \qquad (10.13)$$

A alimentação da rede transversal deve ser feita conforme indica a Fig. 10.1, ou seja, com dois trechos de linha de mesmo comprimento e que se unem no ponto de simetria P. A impedância definida aí é chamada de **impedância no ponto de excitação de rede**. Eventualmente poderá ser necessário utilizar transformadores de impedância, ou ainda, reatâncias concentradas, mas, em qualquer caso, as fases nas correntes de excitação **dos dipolos** não deverão ser alteradas.

Exemplo numérico: Se $d = \lambda/2$, do Cap. 6, tiramos o valor da impedância mútua:

$$Z_{12} = -13 - j29 \ \Omega$$

Como estamos considerando dipolos infinitamente finos, sabemos que

$$Z_{11} = 73 + j43 \ \Omega$$

e, portanto, o valor da impedância de entrada dos dois dipolos será

$$Z_1 = Z_2 = 60 + j14 \ \Omega$$

Nessas condições, o ganho máximo da rede em relação ao dipolo de meia onda vale

$$G_{\text{campo}} = 1,56$$

Para achar o ganho em relação à fonte isotrópica, basta multiplicar esse último valor por 1,28, que é o valor de ganho do dipolo em intensidade de campo, em relação à isotrópica.

3 Rede longitudinal de dois dipolos de meia onda espaçados de λ/2

Este desenvolvimento será feito de maneira análoga ao item anterior, de forma que serão omitidos alguns detalhes e explicações já dadas.

O campo no plano ϕ produzido pela rede de dois dipolos dispostos segundo o eixo x (Fig. 10.2) vale

$$E_\theta(\phi) = 2\,kI_0 \cos \frac{180°(\cos\phi - 1)}{2} =$$
$$= 2\,kI_0 \operatorname{sen}(90°\cos\phi) \quad (10.14)$$

O outro plano principal que contém a direção de máxima irradiação é o plano $\phi = 0°$, sendo o campo, neste plano, dado por:

$$E_\theta(\theta) = 2kI_0 \frac{\cos(90°\cos\theta)}{\operatorname{sen}\theta} \operatorname{sen}(90°\operatorname{sen}\theta)$$

Conclui-se, assim, que a rede é realmente longitudinal, pois as direções de máxima irradiação nos planos principais são longitudinais e coincidentes.

Neste caso, $I_2 = -I_1$, e, portanto,
$$Z_1 = Z_2 = Z_{11} - Z_{12} \quad (10.15)$$

O ganho em intensidade de campo resulta

$$G(\phi) = \sqrt{\frac{2R_{11}}{R_{11} - R_{12}}}\,|\operatorname{sen}(90°\cos\phi)| \quad (10.16)$$

Figura 10.2
Rede longitudinal de dois dipolos de meia onda. Diagramas de campo para espaçamento $d = \lambda/2$.

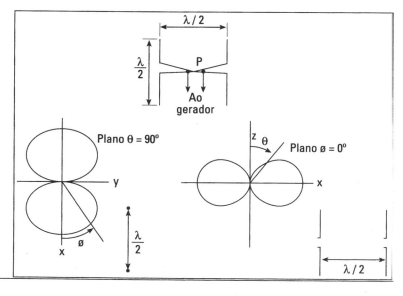

A alimentação da rede longitudinal deve ser feita conforme indica a Fig. 10.2, ou seja, com dois trechos de linha de mesmo comprimento e que se unem no ponto P em oposição de fase. Neste caso, valem os mesmos comentários gerais tecidos no item anterior, e os valores numéricos, neste caso, são

$$Z_1 = Z_2 = 86 + j72 \ \Omega$$
$$G_{\text{campo}} = 1,3$$

Apresentamos, a seguir, um exemplo de aplicação que envolve o projeto completo de uma rede.

4 Exemplo de aplicação

Calcular uma rede de duas antenas ideais, tipo dipolo de meia onda, de modo que o ganho seja de 4 dB. Alimentar a rede com uma cabo coaxial de 75 Ω.

Solução — Examinaremos o caso da rede **transversal**. Da equação 10.12:

$$G(\phi) = \sqrt{\frac{2R_{11}}{R_{11} + R_{12}}} \left| \cos \frac{d_r \cos \phi}{2} \right| \tag{10.17}$$

Como a preocupação é com valor de ϕ que dá máximo ganho, deve-se supor que

$$\left| \cos \frac{d_r \cos \phi}{2} \right| = 1$$

o que exige $\phi = 90°$.

Então, resta mexer no coeficiente da expressão do ganho. Para dar 4 dB de ganho em intensidade de campo, deve-se ter

$$G(\phi)|_{\text{dB}} = 4 \ \text{dB} = 20 \ \log \ G$$

logo $\quad G = 1,59$

Assim $\quad \dfrac{2R_{11}}{R_{11} + R_{12}} = (1,59)^2 = 2,52$

Então $\quad \dfrac{2R_{11}}{2,52} = R_{11} + R_{12} = 58 \ \Omega$

Daí se tira

$$R_{12} = 58 - R_{11} = 58 - 73 = -15 \ \Omega$$

Pela tabela 6.1, vê-se que isto ocorre em torno de $d = 0,8\lambda$. Então, procurando-se o valor de R_{12} que mais nos convém (que dá maior ganho), verifica-se que, para $d = 0,8\lambda$, a parte reativa corresponde a uma reatância indutiva de 10 Ω. Então, nesta distância, tem-se

$$Z_1 = Z_{11} + Z_{12} = R_{11} + R_{12} + j(X_{11} + X_{12}) \qquad (10.18)$$

Para d = 0,8λ, vem

$$Z_1 = 73,13 + (-18,6) + j(42,5 + 10) \cong 54,5 + j52,5 \ \Omega$$

Supondo que de alguma forma torne-se a antena puramente resistiva, resta trabalhar com $Z_1 = 54,5 \ \Omega$. Com tal valor de impedância, o ganho a ser obtido é calculado com

$$\frac{2R_{11}}{54,5} = \frac{146,26}{54,5} = 2,68$$

donde

$$G_C(\phi) = \sqrt{2,68} = 1,61$$

ou seja,

$$G_C(\phi) = 4,1 \ dB$$

o que confirma o ganho solicitado.

Se esta rede (com espaçamento de 0,8λ) fosse transversal, sendo a impedância neste plano de 54,5 Ω, e se se usar um trecho de um quarto de onda para chegar ao ponto P, de sorte que, em P, tenha-se 600 Ω, esse trecho de quarto de onda deverá ter uma impedância característica Z_3 dada por

$$Z_3 = \sqrt{Z_1 Z_p'}$$

ou seja,

$$Z_3 = 181 \ \Omega$$

Isto implicaria a construção de um trecho de linha bifilar com esta impedância de 181 Ω, o que a relação entre espaçamento e diâmetro das linhas, supostas no ar, seria de

$$\frac{D}{d} = 2,3$$

o que é impossível obter-se com linha rígida.

Então, em P, têm-se 600 Ω de cada antena, o que dá uma Z_p de 300 Ω que se apresentam à linha de descida. Esta linha, sendo,

Figura 10.3
Rede transversal.

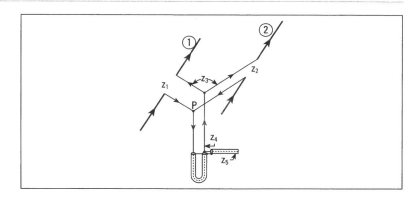

também, de impedância característica $Z_4 = 300\ \Omega$, faz aparecer lá embaixo 300 Ω, que poderão ser bem adaptados ao já conhecido *balun* transformador de meia onda, feito com um coaxial de 75 Ω. E o problema se resolve com a melhor ligação possível, não existindo onda estacionária devido a descasamentos. Apenas restaria o problema de se eliminar a parte indutiva da antena, seja por corte, seja por introdução de parâmetros concentrados, desde que a freqüência o permita. A Fig. 10.3 ilustra esse resultado.

$$Z_1 = Z_2 = 54{,}5 + j\,52{,}5\ \Omega$$
$$Z_3 = 181\ \Omega$$
$$Z_p = 600\ \Omega$$
$$Z_4 = 300\ \Omega$$
$$Z_5 = 75\ \Omega$$

5 Influência da altura de instalação das antenas

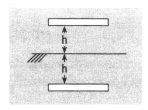

Figura 10.4

Figura 10.5

A partir das noções de redes, pode-se compreender as curvas já conhecidas da variação da resistência de irradiação com a altura: a antena instalada a altura reduzida passa a se compor em rede com a sua imagem, dando origem à uma rede de elementos com fases opostas. É o que se pode observar pelas Fig. 10.4 e 10.5. Por aí se vê, também, uma explicação melhor para a ação do raio refletido, que se comporta como se fosse um raio direto proveniente da imagem. É evidente que o diagrama resultante de uma antena instalada a altura reduzida será função da distância de acoplamento $2h$, e sobre isto, tudo o que já se falou em redes, propriamente, tem aplicação direta neste caso.

6 Redes com elementos parasitas

Até agora foram examinados os casos de redes com todos os elementos alimentados e com elementos em presença de um plano de terra, compondo assim uma rede com sua imagem. Nesse último caso, do plano refletor, a antena imagem foi vista também como alimentada, embora com fase oposta à da antena real. Agora, deve-se verificar a possibilidade de uma antena alimentada induzir energia eletromagnética numa outra não excitada diretamente e, com isto, dar origem a uma rede. Essa rede, por ter um só elemento excitado, é chamada de rede com elementos parasitas. É o exemplo mais comum de rede que poderíamos ver em cidades, nas residências e mesmo em alguns comunicações comerciais.

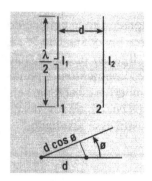

Figura 10.6
Rede constituída por um dipolo alimentado e outro passivo.

Suponhamos, então, um certo número de dipolos paralelos e num mesmo plano, sendo somente um deles alimentado no centro (chamado dipolo ativo) e todos os outros com os respectivos terminais curto-circuitados (dipolos passivos ou parasitas). As correntes nestes últimos serão determinados não só pela dimensão de cada parasita, como também pela respectiva distância até o dipolo ativo. No caso particular de dois dipolos (Fig. 10.6), um ativo e um passivo, temos, considerando que a tensão V_2 nos terminais do passivo seja nula:

$$V_1 = I_1 Z_{11} + I_2 Z_{12}$$
$$0 = I_1 Z_{21} + I_2 Z_{22} \qquad (10.19)$$

de modo que a corrente no dipolo parasita fica

$$I_2 = -I_1 \frac{Z_{21}}{Z_{22}} \qquad (10.20)$$

e a impedância de entrada

$$Z_1 = \frac{V_1}{I_1} = Z_{11} - \frac{Z_{12}^2}{Z_{22}} \qquad (10.21)$$

As equações anteriores mostram claramente a dependência da corrente parasita e da impedância de entrada no espaçamento entre os elementos da rede.

Manipulando as expressões dos campos como anteriormente e considerando que só uma antena é alimentada, deduz-se a expressão do ganho em intensidade de campo, no plano ø, ganho esse sobre o dipolo de meia onda:

$$G(\phi) = \left| \frac{R_{11}}{R_{11} - \left|\frac{Z_{12}^2}{Z_{22}}\right| \cos(2\tau_{12} - \tau_{22})} \cdot \left(1 + \left|\frac{Z_{12}}{Z_{22}}\right| \left|\xi + d_r \cos \phi\right|\right) \right| \qquad (10.22)$$

sendo

$$\xi = \pi + \tau_{12} + \tau_{22} \qquad \tau_{12} = \lfloor Z_{12} \quad e \quad \tau_{22} = \lfloor Z_{22}$$

Verifica-se que, se Z_{22} for muito grande, o que se obtém des-sintonizando o elemento parasita (fazendo-o crescer demasiadamente), o ganho se reduz à unidade, isto é, a influência do elemento parasita passará a ser desprezível.

A amplitude e a fase da corrente no elemento parasita, em relação à corrente no dipolo alimentado, dependem da sintonia desse parasita. Teoricamente, pode-se atribuir ao parasita um comprimento de meia onda e modificar a sintonia, pela introdução de elementos concentrados (reatâncias) ao longo da antena. Na prática, porém, especialmente em freqüências elevadas, isto é obtido pela variação no comprimento do parasita, em torno de meio comprimento de onda.

Assim é que pela modificação do comprimento do elemento parasita, portanto, pela alteração de sua fase em relação ao dipolo excitado, pode-ser fazer o parasita funcionar como refletor ou como diretor, isto é, a energia sendo irradiada na direção perpendicular aos dipolos, apresentará maior ganho no sentido antena excitada-parasita (diretor), ou no sentido parasita-antena excitada (refletor). Normalmente, com comprimentos ligeiramente maiores que o dipolo (cerca de 5%) o parasita funciona como **refletor** e, com comprimentos cerca de 5% menores, funciona como **diretor**.

O ajuste de comprimentos, tanto num como no outro, deve atender, também, a uma exigência de impedância, muito sacrificada nessas redes.

O ajuste na distância do acoplamento e no comprimento dos elementos permite que se obtenham dados que nos dão as redes otimizadas. Assim, pretendendo-se usar o parasita como refletor, basta que se lhe dê um comprimento da ordem de 5% maior que o dipolo e que esteja afastado dele de 0,15 comprimentos de onda. Se o parasita fosse funcionar como diretor, deveria ser 5% menor que o dipolo ativo e afastado dele de 0,12 comprimentos de onda. Contudo, a operação de redes exige não só ganho, mas relação entre irradiação frontal e traseira, o que daria como boa distância, que concilia valor de impedância de alimentação, ganho e relação frontal-traseira, como sendo a de 0,10 comprimentos de onda, para o parasita como **diretor**. As Figs. 10.7(a) e (b) nos dão alguns elementos de utilidade no projeto de uma rede de dois elementos, um deles sendo parasita.

Figura 10.7
Características da rede de dois dipolos, sendo um ativo e o outro passivo, em função do espaçamento entre eles.
(a) ganho da rede;
(b) resistência de entrada do dipolo ativo.

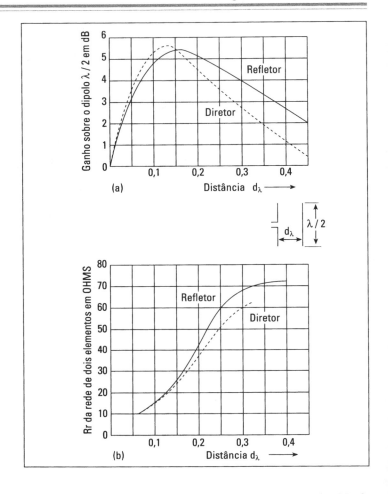

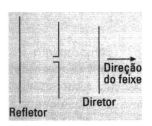

Figura 10.8
Antena Yagi-Uda de três elementos.

As redes com elementos parasitas são chamados redes Yagi-Uda, que são os nomes dos seus idealizadores[*]. Na configuração original e clássica, a chamada antena **Yagi-Uda** compõe-se de um dipolo ativo, um refletor e um diretor (Fig. 10.8), podendo ser expandida adicionando-se mais diretores, com um conseqüente aumento de ganho. Neste caso, porém, a resistência de entrada resulta muito pequena, razão pela qual é comum a utilização de um dipolo dobrado ou triplo como elemento ativo. As antenas Yagi-Uda são objeto de estudo à parte, em apêndice, sob aspecto prático.

---

[*] Uda, S. e Y. Mushiake, *Yagi-Uda Antenna*, Sendai, Sazaki Print. and Publ. Co., Japão, 1954.

Redes de dipolos de meia onda **165**

EXERCÍCIOS RESOLVIDOS

1. Calcular as impedâncias de entrada de dois dipolos de meia onda, infinitamente finos, colocados frente a frente, com espaçamento $\lambda/4$, e alimentados em fase.

Solução   Sendo a rede simétrica, as impedâncias de entrada são iguais e dadas pela equação (10.7). Levando em conta o valor de impedância mútua dada pela Fig. 6.2, resulta

$$Z_1 = Z_2 = 113 + j12,5 \ \Omega$$

2. Repetir o problema anterior para o caso de dois dipolos colineares.

Solução   Sendo o espaçamento $S = \lambda/4$, a solução do problema é análoga à anterior, usando-se, desta vez, a Fig. (6.3), o que resulta

$$Z_1 = Z_2 = 75,5 + j34,5 \ \Omega$$

3. Uma rede formada por duas antenas de meia onda, paralelas e verticais, está alimentada de acordo com as especificações exigidas para irradiação longitudinal (_endfire_). Pede-se determinar os ângulos em que o ganho, no plano horizontal, se torna igual à unidade, nos seguintes casos:

a) para espaçamento de $\lambda/2$ entre antenas;
b) para espaçamento de $\lambda/4$ entre antenas.

Solução   A solução é dada pela equação (10.6) para espaçamento $\lambda/2$, e, para $\phi = 0°$, teremos o ganho máximo em relação ao dipolo de meia onda. Para $d = \lambda/2$, fica

$$G_c\,(0) = 1,3$$

e o ângulo para qual $G_c(\phi) = 1$ resulta

$$\phi \cong 55°$$

Para $d = \lambda/4$, temos $\delta = -d_r = -90°$ e $G_c(0) = 2,16$

Neste caso, o fator de rede normalizado vale

$$\cos\left(45°\cos\,\phi - 45°\right)$$

e o ângulo para qual $G_c(\phi) = 1$ resulta

$$\phi \cong 113°$$

4. Um dipolo de meia onda, feito com fio de 1 mm de raio e cortado para operar em 10MHz, está instalado a 10 m acima do solo, em polarização horizontal.

Pede-se:

a) impedância nos terminais do dipolo;

b) ângulos acima do horizonte, para os quais ocorrem o primeiro máximo e o primeiro nulo de irradiação;

c) eficiência do conjunto, quando alimentado por uma linha de transmissão sem perdas, com 100 Ω de impedância característica e casada ao gerador.

Solução a) Como o dipolo foi encurtado, calculamos sua impedância de entrada no espaço livre da Fig. 4.12:

$$Z_{e_0} \cong 65 \ \Omega$$

Considerando o solo como perfeitamente condutor, o problema pode ser resolvido com o uso do método das imagens, ou seja, supondo duas antenas espaçadas de 20 m e alimentadas em oposição de fase. Com a equação (10.15), resulta

$$Z_e \cong 85 + j7 \ \Omega$$

b) Da equação (9.20), temos

direção de máximo:

$$\text{sen} \left(\frac{d_r \cos \phi}{2} \right) = 1 \rightarrow \phi = 41,4°$$

direção de nulo:

$$\text{sen} \left(\frac{d_r \cos \phi}{2} \right) = 0 \rightarrow \phi = 90°$$

Então, os ângulos acima do horizonte valem, respectivamente,

$$\alpha_{\text{máx.}} = 48,5° \text{ e } \alpha_{\text{min.}} = 0°$$

c) $\quad v = 1 - |\rho|^2 = 0,99$

5. Uma rede de dipolos de meia onda paralelos, espaçados de $\lambda/2$, deve funcionar como *broadside*, apresentando um nível de lóbulo lateral menor que 12 dB no plano H. Determinar o número mínimo de elementos da rede.

Redes de dipolos de meia onda

Solução Como o dipolo é omnidirecional no plano H, o diagrama da rede neste plano é dado pelo próprio fator de rede. Examinando a Fig. 9.2, verificamos que o número de elementos deve ser maior do que 5.

A P Ê N D I C E   I
Antena tipo Yagi-Uda

Os dados apresentados aqui são aplicáveis ao cálculo de antenas tipo Yagi longas, obtidas num apreciável número de experiências feitas pela *Telrex*[*]. Os dados representam uma compilação dos resultados obtidos num local livre de interferências e reflexões, e foram conferidos em várias freqüências, na faixa que vai de 7 a 500 MHz, motivo pelo qual se apresentam curvas que possibilitam uma avaliação preliminar do projeto que se tem em vista.

O ponto de partida num projeto é determinar o número de elementos e o comprimento da rede, de modo a satisfazer alguma exigência prévia de ganho.

A Fig. 1 mostra a variação do ganho em relação a um dipolo de meia onda, em função do número de elementos da rede. A Fig. 2 mostra o comprimento da rede em termos de λ, em função do número de elementos.

O uso dessas duas figuras possibilita encontrar o comprimento da rede e o número de elementos, para se obter um ganho previamente estabelecido. Imagine-se que se pretenda usar uma rede para dar 10,5 dB de ganho. Da Fig. 1 vê-se que, com seis elementos (um refletor, um dipolo e quatro diretores), pode-se resolver o caso. A Fig. 2 indica que a rede vai ficar com um comprimento total de $1,15\lambda$. As Figs. 1 e 2 podem ser sintetizadas numa fórmula prática, de memorização fácil;

$$G = 10 \ \log L_\lambda - 1$$

na qual G é o ganho sobre o dipolo de meia onda, expresso em decibel, e L_l é o comprimento da rede, em termos de λ.

Essa expressão mostra que, se se dobrar a estrutura, o ganho aumenta de 3 dB. Assim vê-se que, para ganhar 3 dB, tanto faz aumentar a estrutura num mesmo plano, como reproduzir uma estrutura igual, noutro plano, dando o acoplamento adequado. Esta última modalidade é conhecida como "empilhamento de Yagis".

---

[*] Já existem disponíveis métodos para cálculo de estruturas Yagi-Uda com diretividade maximizada. Um exemplo de método de perturbação pode ser visto na referência 19.

Figura 1
Variação do ganho e da abertura do feixe nos planos *E* e *H* de uma antena tipo Yagi, em função do número de elementos que formam a antena.

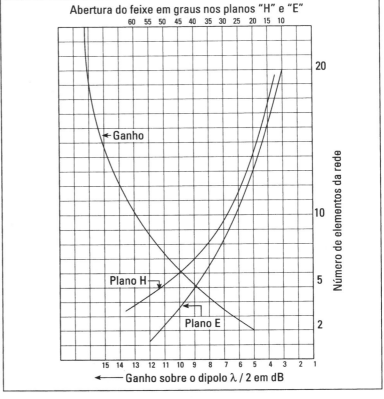

A escolha deverá ser feita, neste caso, tanto pela simplicidade estrutural, como pela facilidade mecânica de construção e instalação, e ainda de diagramas polar que se pretende, como será visto adiante.

Figura 2
Variação do comprimento da rede (YAGI), em termos de λ, em função do número de elementos (refletor, dipolo ativo e diretores). (Cfr. QST, *op. cit*).

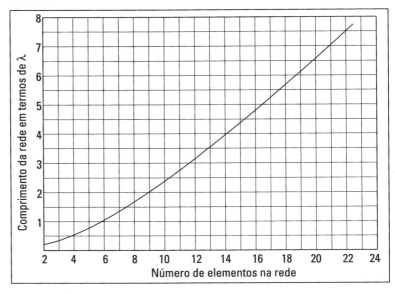

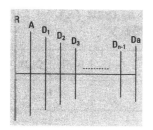

Figura 3
Antena Yagi de *n* elementos. *R* = refletor; *A* = dipolo excitado; D_n = diretor de ordem *n* a partir de *A*.

Ainda na Fig. 1 têm-se os valores práticos obtidos para as larguras do feixe (pontos de –3 dB), nos planos *H* (vertical) e *E* (horizontal). Vê-se que, por exemplo, se se pretender um ganho maior no plano *E*, dentro de uns 25°, pela Fig. 1 conclui-se que vai precisar de uma Yagi com 12 elementos e a rede terá um comprimento de $3,2\lambda$. Pela Fig. 1, uma tal Yagi tem um ângulo de meia potência aí por volta dos 27°, e o ganho da ordem de 14,5 dB.

Numa Yagi, os diagramas em ambos os planos são interdependentes sendo o ângulo do feixe do plano *H* (vertical) ligeiramente maior que o do plano *E* (horizontal).

Uma vez determinado o comprimento da rede e o número de elementos requeridos para satisfazer a uma dada exigência de ganho, é necessário saber-se o espaçamento entre os elementos, a fim de assegurar aquele ganho. A tabela 1 representa o resultado de inúmeras experiências "otimizadas". Esta tabela mostra a variação para o espaçamento entre elementos, resultando uma variação de ganho de 1 dB ou menos. É claro que, na sua obtenção, sempre se cuidou de sintonizar os elementos para o seu valor ótimo. Observou-se que, a partir de oito elementos, o espaçamento permanece sensivelmente o mesmo, motivo pelo qual se indicou o valor de 8 até *n*.

A parte final da Yagi é, sem dúvida, a sintonia dos elementos, pois é isto que vai garantir as fases e as amplitudes das correntes nos mesmos. Como foi dito antes, esta sintonia se faz sempre por adaptação de parâmetros concentrados, se a freqüência o permite, do comprimento e do diâmetro dos elementos. A Fig. 4 dá os comprimentos para os diretores, pela ordem de colocação a partir do dipolo excitado, em função da grossura do elemento. As curvas da Fig. 4 encontram uma saturação, isto é, deixam de variar, a partir do 9° diretor. Daí em diante, o espaçamento já está na ordem de um quarto de onda, mesmo para o ganho máximo. Deve-se dar atenção ao ajuste dos comprimentos dos elementos, pois eles têm uma importância muito grande no comportamento da antena.

TABELA 1 **ESPAÇAMENTOS MEDIDOS EM COMPRIMENTOS DE ONDA (λ). (APUD QST, AGOSTO-SETEMBRO, 1956.)**

Número de elementos	R-A	A-D_1	D_1-D_2	D_2-D_3	D_3-D_4	D_4-D_5	D_5-D_6	D_6-D_7
2	0,15 0,2							
2	–	0,07 0,11						
3	0,16 0,23	0,16 0,19						
4	0,18 0,22	0,13 0,17	1,14 0,18					
5	0,18 0,22	0,14 0,17	0,15 0,20	0,17 0,23				
6	0,16 0,20	0,14 0,17	0,16 0,25	0,23 0,30	0,25 0,31			
8	0,16 0,20	0,14 0,16	0,18 0,25	0,25 0,35	0,27 0,32	0,27 0,33	0,30 0,40	
8 até n	0,16 0,20	0,14 0,16	0,18 0,25	0,25 0,35	0,27 0,32	0,27 0,33	0,35 0,42	0,35 0,42

Observação — No intervalo dado em cada espaçamento, o ganho varia no máximo em 1 dB.

É claro que as curvas da Fig. 4 não são completas, no sentido de fornecer os diâmetros dos elementos que serão usados precisamente. Caso seja necessário, é evidente que se deverá valer de uma interpolação. Para se estimar o comprimento de um diretor, precisa-se conhecer de início o seu diâmetro, e, então, entrar na curva da Fig. 4 para, sabendo o seu número de ordem, encontrar seu comprimento que é, com aproximação, o comprimento ideal. Estas curvas são baseadas numa antena cujo suporte possui um diâmetro máximo de três vezes o diâmetro dos elementos. Da mesma maneira, supõe-se que todos os elementos tenham a forma cilíndrica e que sejam de baixa perda.

Os projetos de ganho máximo não são as únicas exigências para as antenas. Freqüentemente exige-se, também, que o campo traseiro (oposto ao máximo) seja mínimo. Acontece que tanto o campo num sentido, como no sentido oposto, dependem dos mesmos fatores, ou seja, sintonia dos elementos, espaçamento entre eles. Maximizar um e minimizar outro são coisas quase incompatíveis. A essa relação, que se dá o nome **frontal traseira** (*F/T*), deve-se dar a mesma atenção e importância que ao ganho. É, igualmente, uma importante característica das antenas diretivas, como é caso das Yagis.

Figura 4
Comprimento dos diretores de uma antena tipo Yagi, em termos de λ, conforme a ordem de sua posição na rede e em função de grossura dos condutores.

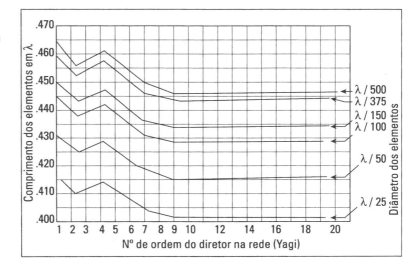

Nos enlaces de comunicação, já se pode vislumbrar quão importante se torna o valor da F/T. O estudo teórico dessa relação é tão complicado quanto o da própria antena. Há, contudo, o processo experimental que possibilita a obtenção de boas relações F/T, em compromisso com o ganho, naturalmente. Procura-se a posição do elemento mais curto na rede (um diretor), de sorte que se tenha menor valor do campo oposto ao sentido principal de irradiação, sem sacrificar demasiadamente o ganho. Normalmente a relação F/T deve ser maior que 30 dB.

A largura de faixa de uma antena é definida, geralmente, numa faixa de freqüências na qual o ganho permanece dentro de 3 dB. Entretanto, essa definição pode ser modificada para 1 ou 2 dB. Naturalmente que a variação da freqüência implica uma variação de impedância, e conseqüentemente o ganho vai variar também.

A largura de faixa depende, numa Yagi:

a) da perda na transferência de potência para a antena, devido a descasamento;
b) da variação do campo frontal, o que implica uma variação da relação F/T.

Por sua vez, a perda de transferência de potência está relacionada com:

a) a sintonia dos elementos;
b) o espaçamento entre elementos;
c) o diâmetro dos elementos;
d) a natureza do elemento excitado (dipolo simples, duplo, triplo, etc.)

Estas características vão determinar a impedância mútua existente entre os elementos, e, por conseguinte, implicarão um certo valor da antena e a relação F/T. Contudo, há uma diferença básica entre estas duas grandezas: o campo frontal (F), isto é, o ganho, é mais função da distribuição de correntes nos elementos, e exigirá uma certa distribuição de elementos na rede, por questões de fase. Evidentemente a impedância na entrada será função da distribuição dos elementos na rede e da freqüência. Se, por facilidade de raciocínio, encarar-se a antena como uma carga qualquer e se se fornecer uma compensação à carga, de modo a realizar um desejado casamento, essa compensação não altera a distribuição relativa de correntes nos elementos. O casamento, simplesmente, aumentará, proporcionalmente, a amplitude das correntes nos elementos, precisamente por transferir mais potência à carga, isto é, à antena, como resultado da compensação introduzida.

O que se pretende deixar claro é que as perdas adicionais introduzidas pelos descasamentos com a linha podem ser tão pequenas quanto se queira, e são diminutas quando comparadas com as perdas de ganho ocasionadas pela má distribuição de correntes nos elementos (fase das correntes).

No que se disse acima, vê-se que um ponto de suma importância não foi mencionado: a impedância. Realmente, isto parece, às vezes, um tabu, ou um segredo comercial, sobre o qual poucos falam muito pouco, principalmente acima de três elementos numa Yagi. Até três elementos os próprios autores (Yagi-Uda) deram as informações necessárias e o problema teórico pode ser tratado, embora já seja algo complicado. Contudo, acima de três elementos não existe tratamento teórico simples. Apenas os experimentadores foram além, seguindo as pegadas dos mestres japoneses, realizando dezenas e mesmo centenas de experiências, hoje traduzidas em curvas e gráficos, tabelas e informações isoladas que permitem entrar na "estatística" e construir antenas de alto ganho.

Recorrendo a outras referências, encontram-se algumas observações que são de interesse e que, particularmente, têm sido verificadas em trabalhos experimentais. A tabela 2 dá as indicações necessárias para construção de Yagi de até cinco elementos, a menos da influência dos diâmetros, que se deve computar separadamente. Veja-se um exemplo: calcular uma antena Yagi de três elementos. Naturalmente elege-se a que apresenta maior ganho e que, automaticamente, oferecerá uma impedância de entrada de 50 Ω, se for excitada com um dipolo simples. Suponha-se que ela se destine aos canais 7 e 9 de TV, isto é, cobrindo a faixa de 174 a 192 MHz, com uma freqüência central de 183 MHz e um comprimento de onda de 164 cm. Como se pretende usá-la em TV, é claro que se deve elevar a sua impedância de entrada para 300 Ω, ou seja, deve-se usar um fator K de multiplicação que seja de 6. Admite-se que os tubos postos à disposição tenham 1 cm de diâmetro. Então, para $K = 6$, fazendo uso das curvas apropriadas, encontram-se $d/D = 2,2$ e $e/d = 3$. Porém, por hipótese, $D = 1$ cm, logo

$$d = 2,2 \text{ cm} \quad \text{e} \quad e = 6,6 \text{ cm}$$

Nesta freqüência central, o quarto de onda vale 41 cm. O fator de encurtamento, calculando para o tubo mais fino, dá 93%. Então, a antena de três elementos será assim constituída:

refletor: $151/f \times 0,93 = 0,81 \times 0,93 = 0,755$ m = 75,5 cm
diretor: $137/f \times 0,93 = 0,74 \times 0,93 = 0,69$ m = 69 cm
dipolo: $143/f \times 0,93 = 0,77 \times 0,93 = 0,715$ m = 71,5 cm

Será um dipolo duplo, onde o elemento mais grosso deverá ter um diâmetro de 2,2 cm e deverá estar afastado do elemento fino, de centro a centro, por uma distância de 6,6 cm.

TABELA 2 **A = DIPOLO SIMPLES, ÚNICO ELEMENTO ATIVO DA ANTENA.
R = REFLETOR, FEITO DO MESMO MATERIAL QUE O DIPOLO.
D = DIRETOR. F = FREQÜÊNCIA DESEJADA PARA OPERAÇÃO DA
MESMA ANTENA EM MHz.**

Tipo de antena	Distância entre elemento	Comprimento de refletor	Comprimento de dipolo	Comprimento do 1° diretor	Comprimento do 2° diretor	Comprimento do 3° diretor	Ganho dB	Resistência de irradiação
A+R	0,15	150/F	141/F				5	30
A+D	0,1		147/F	139/F			5,5	15
RAD	0,2-:R 0,1-:D	153/F	143/F	136/F			7	20
RAD	0,25	151/F	143/F	137/F			8	50
RA2D	0,2	150/F	143/F	135/F	134/F		9	13
RA3D	0,2	150/F	143/F	135/F	134/F	$\dfrac{132,5}{F}$	10	10

Observação importante — Os comprimentos dos elementos são dados em metros e as distâncias entre os elementos são dadas em termos de comprimentos de onda λ. É necessário que se considere ainda o fator de encurtamento para os elementos todos da antena.

A distância entre os elementos refletor, dipolo e diretor deverá ser a mesma, isto é, 41 cm, para dar o ganho e a impedância especificados. E assim se realiza qualquer projeto de até cinco elementos, por esta tabela, como já foi verificado em laboratório especializado. Neste caso, encontra-se a largura de faixa de 8% para –3 dB.

Para finalizar, deve-se mencionar uma aplicação interessante que usa a Yagi ao contrário. Aponta-se o lóbulo traseiro da antena para a direção desejada, e, uma certa distância,bem determinada, de parte frontal da antena, coloca-se um plano refletor de dimensões especificadas previamente. As ondas que chegam à antena se aproveitam da propriedade de a relação F/T não ser muito elevada, pois, neste caso, não há interesse em se obter um valor otimizado. Então o lóbulo traseiro da antena capta uma parcela da energia da onda que passa, função, naturalmente, da área efetiva de recepção que a parte traseira da antena apresenta, vale dizer, do ganho. A frente de onda continua sua marcha, e vai encontrar adiante, o refletor plano com dimensões apropriadas.

A energia refletida atinge a antena justamente na parte de maior diretividade (parte frontal), dando, na entrada da antena, isto é, na linha de transmissão, uma tensão, que é o resultado dos campos resolvidos nas duas extremidades da antena. Evidentemente o refletor assume um papel importante, dele dependendo o desempenho do sistema. Contudo, pode-se ver que isto é certo, pois viu-se que há um certo compromisso para se obterem uma relação F/T e um alto ganho. Assim, cuida-se de maximizar o ganho no ajuste da antena e fica-se com o valor que isto acarreta para a relação F/T, que, mesmo sendo elevada, haverá de se prestar enormemente para a função que irá exercer.

Bibliografia

1. Kraus, J. D., *Antenas*, McGraw-Hill, New York, 1950.

2. Uda e Mushiake, *Yagi-Uda Antenna*, Maruzen Co. Ltd., Sasak Publishing Co., Sendai, Japão.

3. Walkinshhaw, *Journal of I.E.E.*, vol. 93, parte III-A, n.º 3, p. 598 (março-maio, 1946).

4. Brown, *Proceedings of IRE*, vol. 25, janeiro, 1937, p. 78/145.

5. Yagi, *Proceedings of IRE*, vol. 16, junho, 1928, p. 715.

6. Ransen e Woodyard, *Proceedings of IRE*, vol. 26, março, 1938, p. 333.

7. Reid, *Journal of I.R.E.*, parte III-A, vol. 93, março-maio, 1946, p. 564.

8. Gilson, *QST*, março, 1949, *Parasitic Array Patterms*.

9. Greenblun, *QST*, agosto-setembro, 1956, *Notes on development of Yagi Arrays*.

10. Shanklin, *QST*, outubro, 1950, "Bandwidth of two-and three element Yagi Antenna".

11. Noll e Mandl, *Television and FM Antennas Guides*, McMillan Co., New York, 1951.

12. Brault, R. e Pyat, R., *Les Antennes*, Librairie de la Radio, Paris.

13. *The A.R.R.L. Antenna Book*, American Radio Realy League, West Hartford-Conn.

14. *The Radio Handbook*, Editors and Engineers Ltd, 14.ª ed., California, E.E.U.U.

15. Jasik, *Antenna Engineering Handbook*, McGraw-Hill Book, New York, 1961.

16. Sengupta, D.L., "On the Phase Velocity of Wave Propagation a Long an Infinite Yagi Structure", *IRE - Transactions on Antennas and Propagation*, julho, 1959, pp. 234/39.

17. Sengupta, D.L., "On Uniform and Linearly Tapered Long Yagi Antenas" *IRE - Transactions on Antennas and Propagation*, janeiro, 1960, pp. 11/17.

18. Errenspeck, H.W. e Poehler, H. "A New Method for Obtaining Maximum Gain from Yagi", *Transactions on Antennas and Propagation*, outubro, 1959, pp. 379/385.

19. Chen, C.A. e Cheng, D.K., "Optimum Element Lengths for Yagi-Uda Arrays", *IEEE Trans. on Antennas and Propagation*, vol. AP-23, n.º 1, janeiro, 1975.

11 ANTENAS COM REFLETORES PLANOS

1 Introdução

O uso de refletores apareceu, na teoria de antenas, como uma conseqüência natural das antenas no espaço livre. A antena monopolo, por exemplo, corresponde ao dipolo no espaço livre. A impedância do dipolo sofre alteração, bem como seu diagrama, conforme a distância que se encontra do solo, etc. Assim, cogitou-se tirar proveito da reflexão bem-feita, ou feita em condições de boa praticabilidade, da qual seria possível derivar excelentes aplicações, como será visto em seguida.

A forma do refletor ou a distância da antena ao refletor podem ser controladas, de modo a se obter um diagrama com características predeterminadas. Verifica-se que, ao se conseguir isto, o ganho do sistema, em geral, aumenta bastante. Contudo, uma das conseqüências de que mais se vale é que as antenas com refletores possuem uma elevada relação F/T, podendo até ser usadas como repetidores passivos, com uma eficiência apreciável. Se o refletor tiver a forma de diedro, triedro ou parábola, consegue-se um aumento substancial no ganho.

Evidentemente as boas condições de reflexão exigem o uso de refletores que possuam características ideais (dimensões, qualidades elétricas). Contudo, a prática ensinou que os materiais comuns, em dimensões reduzidas, produzem efeitos quase iguais aos dos casos ideais, e isto encontra justificativa teórica. Acontece, porém, que as dimensões, por exemplo, foram de tal modo reduzidas, que acabaram por se igualar às da própria antena. Então, não será difícil encontrar-se uma antena cilíndrica com um refletor cilíndrico de mesmo diâmetro, apenas ligeiramente maior. Não é preciso, por outro lado, que a superfície refletora seja contínua: uma grade reflete bem, desde que suas malhas não ultrapassem 10% de comprimento de onda.

Em qualquer caso, entretanto, a impedância sofre alteração, bem como a largura de faixa. Porém, sempre tem sido possível encontrarem-se soluções de compromisso, de modo a tirar vantagem dos refletores.

Imagine-se uma superfície refletora plana, perfeitamente condutora e infinita. O problema de uma antena situada a uma distância S desta superfície pode ser tratado pelo seu análogo, que é uma rede de duas antenas paralelas separadas por uma distância $2S$: a rede é formada pela antena real e pela imagem.

Considere-se que a antena em questão seja um dipolo de meia onda, polarizado horizontalmente. Deve-se calcular o ganho no plano ϕ ou seja, $G(\phi)$. Chamando a antena de elemento 1 e a imagem 2, a tensão nos terminais de antena será dada por

$$V_1 = I_1 Z_{11} + I_2 Z_{12} \tag{11.1}$$

onde temos

I_1 = corrente na antena,
I_2 = corrente na imagem,
Z_{11} = impedância própria da antena,
Z_{12} = impedância mútua entre as antenas.

Pelo princípio das imagens, pode-se afirmar que

$$I_1 = -I_2$$

Assim a impedância, no ponto de excitação da antena, será dada por

$$Z_1 = \frac{V_1}{I_1} = Z_{11} - Z_{12} \tag{11.2}$$

A parte real de (11.2) é, como se sabe,

$$R_1 = R_{11} - R_{12}$$

O campo $E(\phi)$, a uma certa distância da antena, tal como no caso longitudinal, é dado por

$$E(\phi) = 2kI_1 \operatorname{sen}\left(\frac{d_r \cos\phi}{2}\right) \tag{11.3}$$

O campo produzido pelo dipolo de meia onda, horizontal, à mesma distância r, será

$$E_{\text{MO}} = kI_0 \tag{11.4}$$

A corrente I_1, em cada elemento, para uma dada potência W de entrada na rede, será dada por

$$W_1 = I_1^2 \left(R_{11} - R_{12} \right) = W_2$$

e como

$$W = W_1 + W_2$$

resulta

$$I_1 = \sqrt{\frac{W}{2\left(R_{11} - R_{12} \right)}} \qquad (11.5)$$

A corrente no dipolo, por ação de uma potência W igual à da rede, será, portanto,

$$I_0 = \sqrt{\frac{W}{2R_{00}}} \qquad (11.6)$$

pois $W_1 = \dfrac{W}{2} = I_0^2 R_{00} =$ potência entregue à antena real.

Os campos produzidos pelas duas antenas que estão sendo comparadas, dados pelas expressões (11.3) e (11.4), quando nelas se leva (11.5) e (11.6), serão

$$E(\phi) = 2k \sqrt{\frac{W}{2\left(R_{11} - R_{12} \right)}} \ \operatorname{sen} \left(\frac{d_r \cos\phi}{2} \right)$$

$$E_{\mathrm{MO}(\phi)} = k \sqrt{\frac{W}{2R_{00}}}$$

O ganho $G_C(\phi)$ será, portanto,

$$G_C(\phi) = \frac{E(\phi)}{E_{\mathrm{MO}}(\phi)} = \frac{2\sqrt{\dfrac{W}{2\left(R_{11} - R_{12} \right)}}}{\sqrt{\dfrac{W}{2R_{00}}}} \ \operatorname{sen} \frac{d_r \cos\phi}{2}$$

ou $\qquad G_C(\phi) = 2 \sqrt{\dfrac{R_{00}}{R_{11} - R_{12}}} \ \operatorname{sen} \dfrac{d_r \cos\phi}{2} \qquad (11.7)$

No caso de d ser expresso em termos de S,

$$d = 2S$$

Antenas com refletores planos

Figura 11.1
Aspectos dos diagramas de um dipolo de meia onda, em frente a um refletor plano, para três distâncias S. Observe-se a escala de ganho em relação ao dipolo.

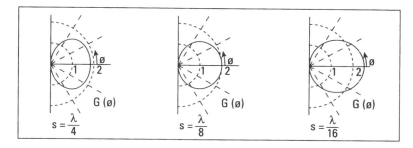

e a expressão (11.7) se modifica para

$$G_C(\phi) = 2\sqrt{\frac{R_{11}}{R_{11} - R_{12}}} \left| \operatorname{sen}\left(S_r \cos\phi\right) \right| \qquad (11.8)$$

no qual foi feito, também, $R_{00} = R_{11}$, já que a antena usada é um dipolo por hipótese.

As Figs. 11.1 e 11.2 dão exemplos de diagramas com a ilustração do ganho que se pode obter de um dipolo em frente a um refletor. Vê-se que é possível chegar até um campo 2,3 vezes maior que o do dipolo simples, ou seja, um ganho de uns 7 dB, teoricamente, para planos infinitos. Na prática, obtêm-se 5 dB com relativa facilidade.

A Fig. 11.3 dá o valor de $R_{11} - R_{12}$ para o dipolo de meia onda, no espaço livre, em função da distância S. Observe-se, em particular, que a variação representada na Fig. 11.1 tanto é válida para dois dipolos no espaço livre, como para um dipolo em frente a um refletor de infinitas dimensões e que seja condutor perfeito. Daí se conclui, também, como já foi antecipado, a variação da impedância do dipolo, em função da altura, em termos de comprimento de onda.

Num exemplo ideal porque se considera dipolo com diâmetro desprezível, suponha-se que a distância entre o dipolo e o plano refletor seja de um quarto de onda, ou seja, entre o dipolo e a imagem a distância é de meia onda. Pela Fig. 11.3 vê-se que R_{11} vale 73 Ω e que $R_{11} - R_{12}$ vale, para meia onda de separação, 85,7 Ω.

Figura 11.2
Ganho em intensidade de campo, como função da distância S (em termos de comprimento de onda) ao refletor, para três valores de resistência ôhmica de perda (R_L).

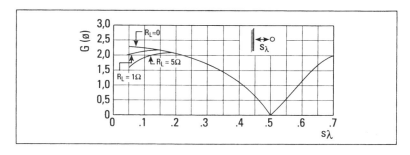

Figura 11.3
Variação de $R_{11} - R_{12}$ para dois dipolos de meia onda no espaço livre, com diâmetros desprezíveis, em função da distância $S_\lambda = S/\lambda$ entre eles. Este caso é equivalente ao de um dipolo em frente a um refletor perfeito e a uma distância $S_\lambda/2$.

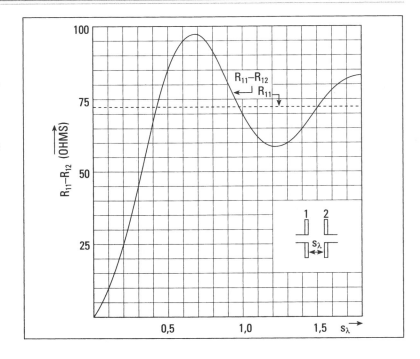

Assim, o radicando de (11.8) vale 0,85, cuja raiz é 0,92. O seno desta expressão (11.8) será

$$\operatorname{sen}\left(\frac{\pi}{2}\cos\phi\right) = 1$$

em seu máximo valor, $\phi = 0°$.

Assim

$$G_C(\phi) = 1,8$$

valor que se confirma na Fig. 11.2.

Como aplicação imediata de tal propriedade, pode-se imaginar uma rede *broadside* em frente a uma superfície refletora, oferecendo um diagrama unidirecional, conforme se deduz da Fig. 11.4. A rede se comporta como se tivesse o dobro de elementos, em virtude das imagens produzidas, devendo-se observar que cada par **antena-imagem** forma uma rede *endfire*, com distribuição de energia numa só direção. O conjunto pode, desse modo, ser interpretado como sendo de *n* redes *endfire*, do ponto de vista de imagem, ou como sendo uma rede *broadside*, do ponto de vista das antenas reais, em qualquer caso com irradiação numa só direção.

Em freqüência alta, SHF principalmente, é possível valer-se da possibilidade de se imprimir antenas extremamente finas em

Figura 11.4
Aplicação do plano refletor, na construção de uma rede *broadside*.

chapas de material dielétrico (poliestireno), mediante um depósito metalizado, à guisa de circuito impresso, realizando, assim, antenas de alto ganho, uma vez que elas são, na verdade, redes compostas por numerosas antenas elementares.

Uma segunda aplicação da propriedade refletora é encontrada ainda por sugestão da óptica. Já que as vantagens da antena com refletor são devidas à imagens, é evidente que, aumentando-se o número de imagens, as vantagens poderão aumentar também. Realmente isto acontece ao se dobrar o plano refletor em dois semiplanos infinitos ou relativamente grandes. É o que será examinado em seguida.

2 Refletor tipo diedro

Sabe-se, da óptica, que, se um objeto está entre dois espelhos que formam um ângulo a, o número de imagens n é dado pela expressão

$$n + 1 = \frac{360}{\alpha} \quad (11.9)$$

Evidentemente, por motivos óbvios, n só poderá ser inteiro.

Em eletrostática já se trabalha com imagens ao se tratar de cargas elétricas em frente à superfície refletora. Agora, em eletromagnetismo, tiram-se as vantagens reais que tal teoria permite.

Antes foi visto o caso do diedro com ângulo de 180°, que é o plano refletor. A seguir, serão examinados os casos de diedros de 45°, 60° e 90°, que são os de maior interesse em antenas.

Diedro de 90°

O número de imagens existentes neste diedro, pela expressão (11.9), é de três. Isto pode ser visto com facilidade, atendendo-se às condições de simetria, conhecidas da eletrostática. Assim as imagens estarão distribuídas segundo a Fig. 11.5, em que as imagens 1 e 4 têm a mesma amplitude de correntes, ao passo que as imagens 2 e 3 têm fases iguais, porém opostas às outras, e a amplitude de correntes ainda é a mesma. Um tal dispositivo já limita a variação do ângulo ø, que interessa estudar, pois é nesse plano que se darão as reflexões, isto é, que se observa o ganho da antena.

No plano do ângulo θ (horizontal, para a antena polarizada horizontalmente), não haverá alteração na forma do diagrama, pois não há nenhuma reflexão que influa, teoricamente, neste plano. Supondo-se que o elemento ativo é sempre um dipolo de meia

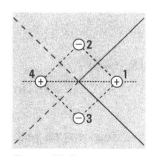

Figura 11.5
Refletor diedro de 90°, com indicação das imagens e respectivas fases.

onda, dipolo simples, pode-se, pelo mesmo processo de redes, calcular o campo E(ϕ) produzido num ponto distante, pelo diedro de 90°. No caso presente, o problema se equivale ao da rede de quatro elementos dispostos nos vértices de um quadrado com fases alternadas. Procedendo-se a tal cálculo, chega-se ao seguinte resultado:

$$E(\phi) = 2kI_1 \left| \cos(S_\lambda \cos \phi) - \cos(S_\lambda \, \text{sen} \, \phi) \right| \quad (11.10)$$

onde

I_1 = corrente em cada elemento,
S = espaçamento de cada elemento ao vértice,

$$S_\lambda = \frac{2\pi S}{\lambda}$$

A fem nos terminais do elemento ativo será

$$V_1 = I_1(Z_{11} + Z_{14}) - 2I_1 Z_{12} \quad (11.11)$$

A potência entregue à rede "imaginária" será

$$W = W_1 + W_2 + W_3 + W_4 \quad (11.12)$$

Então, a antena excitada receberá, por simetria,

$$W_1 = I_1^2 (R_{11} + R_{14} - 2R_{12}) \quad (11.13)$$

$$W_1 = I_1^2 (R_{11} + R_{14} - 2R_{12}) \quad (11.14)$$

A equação do campo ficará, assim,

$$I_1 = \sqrt{\frac{W_1}{R_{11} + R_{14} - 2R_{12}}} \quad (11.15)$$

Comparando a expressão (11.15) com a equivalente para o dipolo de meia onda, encontra-se, no plano de definição do ângulo ø, o ganho do diedro, como sendo

$$E(\phi) = 2k \sqrt{\frac{W_1}{R_{11} + R_{14} - 2R_{12}}} \left[\cos(S_\lambda \cos \phi) - \cos(S_\lambda \, \text{sen} \, \phi) \right] \quad (11.16)$$

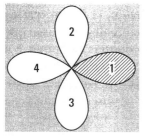

Figura 11.6
Diagrama da equação (11.16). Só o lóbulo 1 é real, devido à presença do refletor.

Pela expressão (11.16), pode-se obter o diagrama da rede (imaginária), que dará quatro lóbulos, dos quais um só é real, evidentemente, pela presença do refletor impedindo a irradiação nas direções dos lóbulos 2, 3 e 4 (Fig. 11.6). Então, só o lóbulo 1 é real. A expressão entre colchetes em (11.16) dá o conhecido fator

Antenas com refletores planos

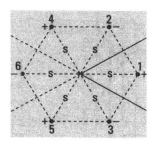

Figura 11.7
Ilustração do diedro de 60° com indicação das fases.

de diagrama, isto é, como a energia vai se distribuir, segundo a geometria. A expressão sob radical, naquela expressão, é o que se chama de fator de acoplamento do diedro, que vai influir no ganho. Observa-se, então, que a forma do diagrama é uma função de ø e do espaçamento S do dipolo ao vértice.

Diedro de 60°

Tal como nos casos anteriores, pode-se deduzir o ganho do diedro de 60° pelo método das imagens. Aqui, encara-se o problema de uma rede de seis elementos, dispostos nos vértices de um hexágono, já que 5 é o número de imagens, como se pode verificar. A Fig. 11.7 ilustra o que se está dizendo. Com aplicação do mesmo raciocínio, evidentemente com um pouco de trabalho, encontra-se, para expressão do ganho, neste caso,

$$G(\phi) = 2\sqrt{\frac{R_{11}}{R_{11} + R_{14} - 2R_{12} - R_{16}}} \cdot \left| \operatorname{sen}\left(S_\lambda \cos\phi\right) - \right.$$
$$\left. -\operatorname{sen}\left[S_\lambda \cos(60° - \phi)\right] - \operatorname{sen}\left[S_\lambda \cos(60° + \phi)\right] \right|$$

As Figs. 11.8 e 11.9 fornecem os elementos de comparação para três valores de ângulo de abertura, e isto é que deve guiar na escolha do diedro apropriado. Por uma questão de ordem prática, a Fig. 11.10 dá as dimensões mínimas a que se deve obedecer para que os projetos possam apresentar um resultado satisfatório. Vê-se que o plano pode não ser contínuo, mas ser feito se varetas

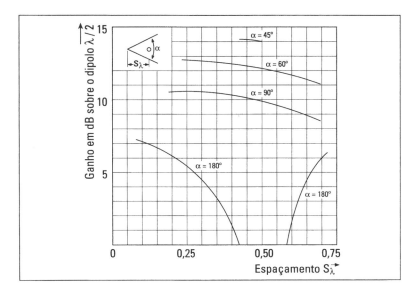

Figura 11.8
Ganho do refletor diedro, para as quatro aberturas mais usuais, em relação ao dipolo de meia onda, em função do afastamento S/λ do vértice.

Figura 11.9
Variação da resistência R_r do dipolo de meia onda dentro de um refletor tipo diedro, em função do espaçamento S/λ do vértice.

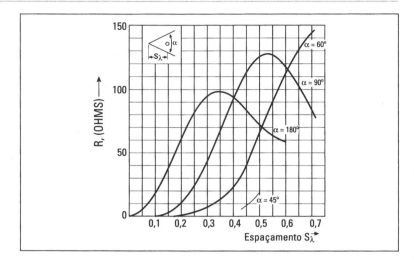

ou de tela, desde que atenda ao requisito mínimo que exige um espaçamento não inferior a 10% do comprimento de onda. Se se aumentar o espaçamento, começarão a aumentar os lóbulos traseiros, podendo mesmo, nos casos extremos, fazer o diedro funcionar como diretor.

Figura 11.10
Dimensões mínimas usuais num refletor diedro de abertura qualquer.

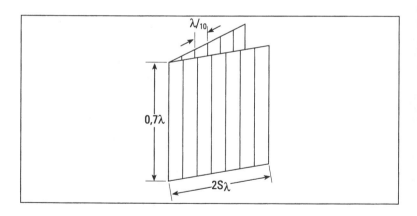

Antenas com refletores planos **185**

EXERCÍCIOS RESOLVIDOS

1. Considere-se um dipolo de meia onda, colocado paralelamente a um plano refletor perfeito, a uma distância de 187,5 mm. O dipolo é feito com um tubo cujo diâmetro é igual a 10 mm e deve ser ressonante em 400 MHz. A polarização a ser usada é vertical e o plano refletor também está na vertical. Este dipolo será ligado a um cabo coaxial de impedância característica igual a 50 Ω, já devendo ser considerado resolvido o problema de adaptação de correntes (*balun*). Pede-se:

a) nas condições do problema, a taxa de energia refletida;

b) instalado o dipolo como acima descrito, determinar a direção do máximo do diagrama.

Solução a) Sem se considerar o efeito de dimensão finita do plano, a impedância no ponto de alimentação é dada pela equação (11.2):

$$Z_1 = 52 - (-12 - j29) = 64 + j29 \ \Omega$$

Então, a taxa de energia refletida é dada por

$$|\rho|^2 = 0,075 \ \text{ou} \ 7,5\%$$

b) Da equação (11.3), resulta que o máximo da função $\text{sen}\left(\dfrac{d_r \cos\phi}{2}\right)$ ocorre para $\phi = 0°$, ou seja, a direção de máximo é normal ao plano refletor.

2. Considere-se um refletor tipo diedro, com 90° de abertura, excitado por um dipolo de meia onda, espaçado de meio comprimento de onda de seu vértice. Considere-se que o refletor é perfeito e de extensão infinita (caso ideal). Pede-se calcular o diagrama de irradiação no plano normal ao dipolo e o ganho em relação ao dipolo de meia onda.

Solução O diagrama de campo é dado pela expressão entre colchetes da equação (11.15):

$$E_\phi = \left[\cos(\pi \cos\phi) - \cos(\pi \, \text{sen} \, \phi)\right],$$

para $-\pi/4 \leq \phi \leq \pi/4$

Da equação (11.16), o ganho máximo fica

$$G_C = 4\sqrt{\frac{R_{11}}{R_{11} + R_{14} - 2R_{12}}}$$

Calculando-se os valores de resistência mútua,

$$R_{14} = 3,8\Omega \text{ e } R_{14} = 24,8\Omega$$

resulta

$$G_C = 2,92$$

Bibliografia

1. Kraus, J. D., *Antenas*, McGraw-Hill, New York, 1950.

2. Schelkunoff, S. A. e Friis , H. T., *Antenas Theory and Practice*, J. Wiley, New York, 1952.

3. Brault, R. e Pyat, R. *Les Antennes*, Librairie de La Radio, Paris, 1954.

4. Mullin, E.E., *Radio Aerials*, Claredon Press, Oxford, England, 1949.

12 DIPOLOS DOBRADOS

1 Análise de funcionamento

Considere-se uma antena de onda completa, na qual a distribuição de corrente será como se indica na Fig. 12.1. De um lado e de outro do ponto médio A, as correntes têm o mesmo valor absoluto e fases diferentes. Se se dobrar a antena, como ilustra a Fig. 12.2, as correntes ficarão em fase, além de se conservarem iguais em módulo. Comparando-se esta distribuição de corrente nesta antena *dupla* com uma antena simples, de meia onda, vê-se que o campo produzido por esta última será menor, pois a sua corrente é maior. Pode-se escrever, então, que a potência irradiada seria no caso da antena dupla,

$$P_D = I_D^2 R_r'$$

onde I_D é a corrente da antena dupla.

É fácil ver que, se I_s é a corrente da antena simples, pode-se afirmar que

$$I_D = 2I_s$$

Neste caso, em termos da corrente da antena simples, tem-se

$$P_D = (2I_s)^2 R_r' = 4I_s^2 R_r'$$

Esta última expressão indica que, se a mesma potência for entregue à antena simples e à dobrada, a corrente, nos ramos desta última, será dividida por 2, pelo fato de sua impedância ter sido multiplicada por 4. Com efeito, esta conclusão é imediata, desde que se entregue a ambas as antenas uma potência $I_s^2 R_r$, onde R_r é o valor da resistência de irradiação da antena de meia onda. Ora, a

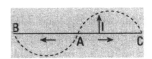

Figura 12.1

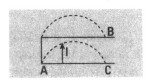

Figura 12.2

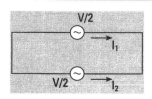

Figura 12.3

corrente será ainda I_s, isto é, $I_s/2$, em cada ramo (Fig. 12.3). Igualando-se as potências, para efeito de comparação, tem-se que a resistência de irradiação da antena dobrada é quatro vezes maior que a da simples.

Pode-se provar este fato, rigorosamente, sem apelar para a intuição como foi feito anteriormente. Realmente, considerem-se as duas antenas citadas como sendo feitas de condutores de mesmo diâmetro. Seja V a fem aplicada aos terminais da antena dobrada. Como vai se produzir uma corrente em cada ramo da antena, isto é, na antena toda, pode-se considerar que I_1 é corrente do ramo 1 e I_2 é a corrente do ramo 2, ambas devidas à mesma fem, $V/2$, já que os condutores são iguais e o ponto de alimentação é um só, num dos ramos. Então, tudo se passa como se se tivessem ligado geradores de $V/2$ em cada ramo, produzido I_1 e I_2, respectivamente. A impedância vista do gerador, em cada ramo, vai ser o resultado da impedância própria do ramo, mais a mútua provocada pela presença de outro ramo, fortemente acoplado. Então, pelo que se sabe, pode-se escrever

$$\frac{V}{2} = I_1 Z_{11} + I_2 Z_{12}$$

onde I_2 é a corrente produzida no ramo 2, por ação do ramo 1.

Desde que $I_1 = I_2$, a equação anterior se transforma em

$$V = 2I_1(Z_{11} + Z_{12})$$

No caso dos dipolos estarem com acoplamento forte, o que se regula pela distância e entre eles (normalmente pequena), mostra-se que $Z_{12} \cong Z_{11}$, o que permite concluir, para a impedância terminal Z,

$$Z = \frac{V}{I_1} \cong 4Z_{11} = R_a + jX \cong R_a \cong R_r$$

Assim, no caso de dipolos de meia onda, onde Z_{11} vale 73Ω (Fig. 12.4), encontra-se, para o dipolo dobrado, uma impedância da ordem de 290 Ω, que, na prática, acostumou-se a elevar para 300 Ω. A aplicação de uma tal antena é imediata, pois se adapta muito bem aos cabos de televisão (bifilares) cuja impedância característica é da ordem de 300 Ω também.

O que se verifica de um modo geral, procedendo à análise semelhante, é que, no caso de antenas de n ramos, a impedância fica multiplicada por $n^2 R_r$, em relação à do dipolo simples. Assim, o dipolo triplo (três ramos) teria uma impedância da ordem de

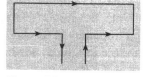

Figura 12.4

Dipolos dobrados

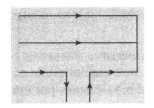

Figura 12.5

600 Ω (Fig. 12.5), quando considerada a grossura dos condutores. E assim por diante.

Então, até o problema de conseguir impedâncias elevadas, em elementos ligeiramente diretivos, como os dipolos, fica solucionado pelo uso de antenas dobradas: antenas que funcionam como as simples, porém com impedâncias maiores.

Em transmissão isto é muito usado, principalmente em faixa de amadores, onde as saídas costumam ser equilibradas. O uso mais variado, contudo, encontra-se em recepção de TV, nas redes que são conhecidas com o nome de antena Yagi, onde a impedância do conjunto, quando feito com dipolo simples, cai a valores extremamente baixos. As aplicações de dipolos duplos e triplos servem para elevar a impedância da antena Yagi a valores usuais na prática.

Ainda, por questões de equivalência, a largura de faixa do dipolo dobrado é maior que a do dipolo simples, pois ele corresponde a um dipolo simples, de raio maior que cada um dos condutores, isoladamente.

Os valores de 300 e 600 Ω atribuídos às impedâncias de entrada dos dipolos duplos e triplos, respectivamente, foram considerados mediante a hipótese de os condutores serem do mesmo diâmetro. Contudo, pode ser que não haja interesse específico nestes valores, como é o caso das composições que são feitas para a antena Yagi. É de toda conveniência que se possa modificar a impedância de entrada de tais dipolos, de modo a realizar-se um valor desejado; e isto se consegue, evidentemente, introduzindo-se variações na impedância mútua, o que pode ser obtido seja pela variação de diâmetros dos condutores, seja pela distância entre eles, ou por ambas as coisas.

Se os elementos possuem diâmetros diferentes, mostra-se que as correntes se dividem na razão inversa de suas respectivas impedâncias características. Assim, não levando em conta o espaçamento entre os elementos, considerados ainda muito acoplados, se um dos dipolos tivesse um raio de 2 cm e o outro um raio de 0,5 cm, na freqüência de 300 MHz, a relação entre suas impedâncias características seria de 1,57 e a impedância de entrada seria a de dipolo simples (73 Ω) multiplicada por 6,5 aproximadamente. Isto se regula pelas expressões

$$\frac{I_2}{I_1} = \frac{Z_{01}}{Z_{02}}$$

e
$$R_{in} = \frac{(I_1 + I_2)^2 R_r}{I_1^2} = R_r \left(1 + \frac{I_2}{I_1}\right)^2 = R_r \left(1 + \frac{Z_{01}}{Z_{02}}\right)^2 \quad (12.1)$$

em que R_r é a resistência de irradiação do dipolo simples, considerado com o diâmetro real que apresenta.

O uso de dipolos com elementos de diferentes diâmetros e com um espaçamento qualquer implicará uma multiplicação de impedância apresenta originalmente pelo dipolo simples por um fator K, maior que a unidade, tal que, para dois elementos (dipolo dobrado), tem-se

$$K_2 = \left(\log \frac{e^2}{Dd} / \log \frac{e}{d} \right)^2 \qquad (12.2)$$

e, para três elementos (dipolo triplo),

$$K_3 = \left(\log \frac{e^3}{D^2 d} / \log \frac{e}{2d} \right)^2 \qquad (12.3)$$

sendo que e é a distância entre os condutores, suposta igual no caso de três elementos; d é de diâmetro dos condutores não alimentados diretamente, imaginados iguais no caso de três elementos; e D, o diâmetro do condutor em que se processa a alimentação. Evidentemente, e, d e D devem ser expressos nas mesmas unidades.

Com base nestas expressões, constroem-se gráficos (Fig. 12.6) em que são levadas d/D, contra e/d, para vários valores de K. Verifica-se que, quando os diâmetros dos condutores são iguais, a impedância fica multiplicada por 4, para qualquer distância e entre os elementos, naturalmente dentro dos limites de bom acoplamento. Se se está diante de um dipolo triplo, a relação d/D sendo 1 implica uma multiplicação por 9.

Considere-se um exemplo simples: qual o fator de multiplicação que se deve usar para contruir um dipolo duplo, com condutores tais que D vale 4 mm e $d = 12$ mm, sendo o espaçamento e de 24 mm?

Sendo $d/D = 12/4 = 3$, e $e/d = 24/12 = 2$, pelo gráfico, o ponto definido por estas relações d/D e $\underline{e}/d$ dá o valor

$$K_2 = 8$$

Assim, por exemplo, se uma dada antena, feita com um dipolo simples, apresenta uma resistência de irradiação de 12 Ω, a resistência de irradiação da antena, usando-se o dipolo dobrado, passará a ser 8 X 12 = 96 Ω.

É claro que é possível resolver-se o problema inverso, isto é, sabendo-se que uma certa antena, que faz uso do dipolo simples,

Dipolos dobrados

Figura 12.6
Ábacos utilizados para multiplicação de impedâncias em dipolos duplos e triplos.

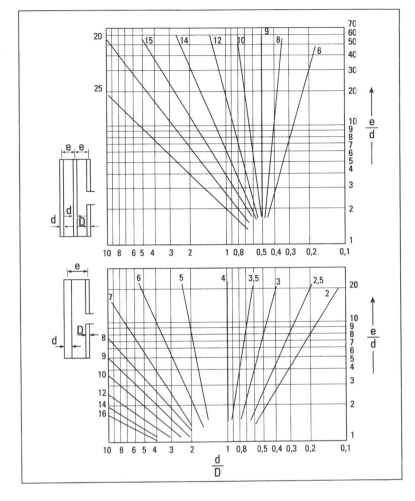

apresenta uma resistência de 75 Ω, por exemplo, para adaptá-la a um cabo coaxial, suponha-se que sejam postos à disposição tubos de 10 e de 5 mm. Pretende-se saber a que distância devem ser colocados os condutores, para que se tenha a impedância desejada, alimentando-se o dipolo duplo pelo elemento mais fino.

Deduz-se de imediato que o fator de multiplicação deve ser 75/15 = 5. Além disso, d/D = 10/5 = 2. Então, na reta de K_2 = 5 e no ponto de d/D = 2, vai-se encontrar e/d = 10 mais ou menos, o que dá, para e, um valor de 100 mm.

Imagine-se, em seguida, que se quisesse adaptar esta mesma antena de 15 Ω a um cabo bifilar de 300 Ω. Aqui a relação de multiplicação deveria ser de 300/15 = 20. As curvas da Fig. 12.6, para o dipolo duplo, não dão um valor tão alto para o fator de multiplicação. Isto significa que os elementos vão ficar muito desproporcionados e muito juntos. É o caso de se apelar para o dipolo triplo, que oferece maiores valores de K. Então, no caso presente, fazendo-se uso dos mesmos condutores, ter-se-iam d/D = 2 e e/d = 7, ou seja, e = 70 mm.

Em certos casos de sinais razoavelmente fortes, é muito comum usar-se o próprio cabo bifilar de televisão para a construção de um dipolo de 300 Ω, aproveitando-se do fato de que a impedância de entrada dos receptores é dessa ordem. Neste caso, como os condutores têm os mesmos diâmetros, a multiplicação será por 4, e, como são muito finos em relação aos comprimentos de onda em uso (TV), o valor original da R_r do dipolo simples é elevado, da ordem de 70 Ω, o que vai dar uma impedância de entrada da ordem dos 280 Ω, com um casamento muito bom, em relação ao que se pode exigir na prática. Apenas deve-se lembrar que, pelo fato de se ter os condutores imersos num meio dielétrico, o comprimento de onda será alterado, sendo essa alteração dependente da constante de propagação no material.

2 Antena plano-terra dobrada

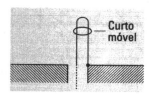

Figura 12.7

As modificações introduzidas na antena *ground-plane* não se limitam ao plano de terra. Elas atingem, também, a própria antena. A primeira modificação, e a mais imediata, é a que leva a se usar uma antena dobrada, isto é, dobra-se o comprimento de meia onda ao meio e tem-se a antena *ground-plane* dobrada, com um valor de R_r igual à metade da do dipolo dobrado, obedecendo à mesma analogia anteriomente citada. Seu valor nominal, portanto, é de 150 Ω aproximadamente, embora, na prática, seja usual construírem-se antenas menores, com uma impedância que se situa perto dos 75 Ω. Neste caso, a antena já tem um comprimento um pouco menor que um quarto de onda. A revista *QST* menciona a possibilidade de se procederem os necessários ajustes de impedância na antena dobrada, pela adição de um curto (Fig. 12.7) móvel.

Em particular, se se analisar a antena com cuidado, verifica-se que a antena dobrada, ao ser comparada com a simples, apresenta uma largura de faixa um pouco maior, pelo fato de ficar com o condutor de raio equivalente maior que no caso simples. Veja-se isto em Schelkunoff (ref. 3).

Considerando-se o fator de encurtamento, a impedância da antena já cai para uns 110 ou 120 Ω.

Figura 12.8
Decomposição do dipolo dobrado em dois modos fundamentais.

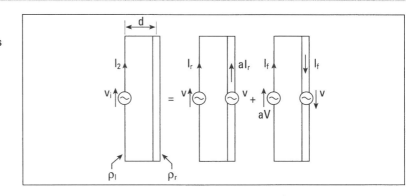

3 Análise de Uda e Mushiake

A seguir, complementando as informações aqui contidas, apresentamos uma análise da operação do dipolo dobrado de dimensões arbitrárias, baseada na aproximação "quase estática" e feita por Uda e Mushiake 9.

De acordo com seu método, a excitação de um dipolo dobrado pode ser considerada como uma superposição de dois modos, como se indica na Fig. 12.8. A impedância do modo simétrico, caracterizada por duas tensões de excitação de mesmo valor, pode ser calculada fazendo uso do raio equivalente dos dois condutores, como foi discutido na seção 1.

A equivalência esta indicada na Fig.12.9. A função impedância Z_r é, todavia, a mesma impedância de um dipolo cilíndrico, com um raio equivalente ρ_e, dado por

$$\log \rho_e = \log \rho_1 + \frac{1}{(1+\mu)^2}\left(\mu^2 \log \mu + 2\mu \log \nu\right)$$

onde os vários parâmetros são explicados na Fig. 12.8.

A impedância do modo assimétrico, caracterizada por correntes iguais e opostas nos dois ramos, é a mesma que a da seção encurtada de uma linha de transmissão de comprimento L, isto é:

$$Z_f = \frac{(1+a)V}{2I_f} = jZ_0 \, \mathrm{tg}\, \beta L \tag{12.4}$$

na qual Z_0 é a impedância característica da linha bifilar.

Expressa em termos de Z_r e Z_f, a impedância de entrada de um dipolo dobrado é dada por

$$Z = \frac{V_i}{I_i} \frac{(1+a)V}{I_r + I_f} = \frac{2(1+a)^2 Z_r Z_f}{(1+a)^2 Z_r + 2Z_f} \tag{12.5}$$

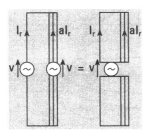

Figura 12.9
Representação equivalente do modo simétrico no cálculo de $Z_r = V/(1 + a)\, I_r$.

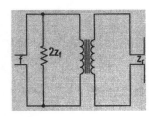

Figura 12.10
Circuito equivalente de um dipolo dobrado.

Um circuito equivalente baseado na equação (12.5) é mostrado na Fig. 12.10. Para um dipolo dobrado de comprimento L igual a $1/4$, Z_f é muito grande, quando comparado com $(1+a)^2 Z_r$; então

$$Z_{\frac{\lambda}{4}} = (1+a)^2 Z_r \qquad (12.6)$$

Transformação de impedâncias como função da relação dos diâmetros dos condutores.

A elevação de impedâncias dada pela relação $(1+a)$ como função de e foi calculada por Mushiake (ref. 9). O diagrama está reproduzido na Fig. 12.11, usando-se a fórmula para a dada na Fig. 12.8. Quando ρ_1 e ρ_2 são pequenos, comparados com d, o valor de a é dado, com muito boa aproximação, pela expressão

$$a = \frac{\log(d/\rho_1)}{\log(d/\rho_2)} \qquad (12.7)$$

Figura 12.11
Ábaco de Mushiake utilizável no cálculo da elevação de impedância em dipolos dobrados (dois ramos).

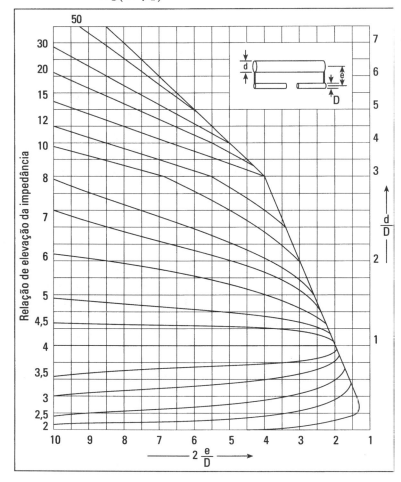

Figura 12.12
Rede Yagi-Uda excitada por um dipolo dobrado.

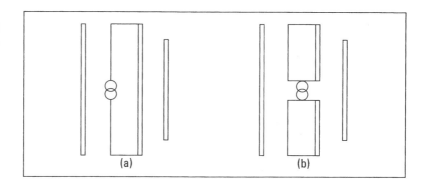

Esta fórmula foi primeiro derivada por Guertler (ref. 10). A equação (12.6) pode, também, ser usada para calcular a impedância de entrada de uma antena Yagi-Uda, se a unidade excitada é um dipolo dobrado como se mostra na Fig. 12.12(a). A função impedância $Z_{1/4}$ é, então, interpretada como a impedância de entrada da rede, indicada na Fig. 12.12(b).

4 Dipolos múltiplos

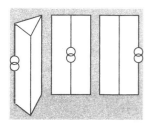

Figura 12.13
Dipolos triplos

Como se indica na equação (12.6), o nível de impedância de um dipolo dobrado pode ser ajustado pela escolha apropriada do valor da relação de elevação. Um outro modo de ajustar o nível de impedância é usar um dipolo múltiplo. A Fig. 12.13 mostra vários arranjos possíveis para um dipolo triplo.

Se os condutores são de mesmo diâmetro e são de meia onda de comprimento, a impedância de entrada é aproximadamente igual a $9Z_r$, onde Z_r é a impedância de entrada de uma antena formada pelos três condutores excitados simultaneamente por um simples gerador. O raio equivalente de uma tal combinação é igual a $(rd^2)^{1/3}$, onde d é a separação entre condutores e r é o raio de cada condutor.

Engenharia de antenas

Exercícios Resolvidos

1. Projetar um dipolo dobrado de meia onda para ser usado em receptor de televisão (300 Ω). A faixa de freqüências em questão é de 174 a 180 MHz, e deve-se usar um tubo de alumínio de 1/2" de diâmetro. Faça os cálculos utilizando-se os dois conjuntos de curvas dados para este dipolo.

Solução A freqüência central é média geométrica das extremas:

$$f_0 = 176,2 \text{ MHz}$$

O fator de encurtamento correspondente vale 0,87 e a resistência de entrada do dipolo encurtado resulta aproximadamente 60 Ω. Desta forma, o fator de transformação de impedâncias deve ser igual a 5.

Das curvas da Fig. 12.6, usando-se o ramo não-alimentado com diâmetro 3/4", resulta

$$e \cong 1\frac{1''}{2}$$

Por outro lado, com as curvas da Fig. 12.11, resulta

$$e \cong 2''$$

Bibliografia

1. Jordan, E.C. e Balmain, K.G., *Ondas Eletromagnéticas y Sistemas Radiantes*, 2ª ed., Prentice-Hall, Madrid, 1978.

2. Kraus, J. D., *Antenas*, McGraw-Hill, New York, 1950.

3. Schelkunoff, S. A. e Friis , H. T., *Antenas Theory and Practice*, J. Wiley, New York, 1952.

4. *Antenna Book*, op. cit.

5. Thourel, L., *Les Antennes*, Dunod, Paris, 1971.

6. *Transactions* (*IRE*), vol. AP-9, março, 1961, n°. 2, pp. 171/187.

7. *Ant. Rad. Prop.*, op. cit.

8. Mushiake, Y., "An exact step-up Impedance ratio chart of a folded Antenna", *IRE-Transactions*, vol. AP-3, n°. 4, p. 163, outubro, 1954.

9. Guertler R., "Impedance Transformation in folder dipoles" *IRE*, vol. 9, p. 344, setembro, 1949, *IRE*, setembro, 1950, p. 1402.

10. Uda e Mushiake, *Yagi-Uda Antennas*, p. 19/20, Maruzen Co. Ltd., Tokyo, 1954.

11. *QST*, setembro, 1956.

13 ANTENAS LONGAS

1 Análise de funcionamento

Até agora foram vistas antenas cujas dimensões são da ordem de um comprimento de onda. Mesmo no caso das redes, o comprimento total ultrapassava um comprimento de onda, por motivos de ordem prática. É que, até então, as antenas se destinavam quase que exclusivamente a freqüência altas, onde as estruturas devem ser pequenas, para que sejam facilmente instaladas, ou de freqüência muito baixa, onde a antena se aproximava do quarto de onda. Embora fosse uma estrutura gigantesca, em termos de comprimento de onda, eram antenas de reduzidas dimensões.

Agora, principalmente quando se cogita de freqüências médias, onde as antenas devem ser suficientemente diretivas para que sejam compensadas as perdas por propagação asseguradas as habituais facilidades de instalação que sempre se deseja, surge a necessidade de uma antena grande, em termos de comprimento de onda. Como tais antenas são sempre em forma de fios esticados, isto é, de linhas comuns de transmissão, elas recebem uma classificação geral de **lineares longas**. Estão neste caso, por exemplo: a antena de fio longo, a antena **V**, a antena **rômbica**, antena **V invertido**, etc.

Considere-se um fio isolado no espaço e fechado sobre sua impedância característica. A uma certa distância x da origem (Fig. 13.1), a corrente no fio será

$$I = I_0 \, e^{-\gamma x} \tag{13.1}$$

onde I_0 é a corrente na origem e γ a constante de propagação na

Figura 13.1
Antena linear longa.

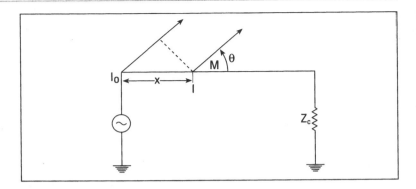

linha. Observe-se que γ é complexo. Contudo, para simplificar, suponha-se que a atenuação seja nula, de modo que

$$\gamma = j\frac{2\pi}{\lambda} = j\beta \qquad (13.2)$$

Tem-se, então,

$$I = I_0\, e^{-j\beta x} \qquad (13.3)$$

A partir desses dados e considerando um elemento dx da linha, o campo produzido numa certa direção θ, pela teoria das antenas, já foi visto e calculado como sendo

$$dE = j60\pi I \operatorname{sen} \theta \frac{e^{-j\beta R}}{\lambda R} dx \qquad (13.4)$$

Considerando, ainda, a fase da corrente na origem e no ponto M, esta em avanço sobre aquela, e substituindo a corrente pelo valor dado em (13.3), o valor do campo irradiado e observado num ponto distante pode ser calculado. Interessa, aqui, a amplitude do campo que é dada pela expressão

$$E = \frac{60 I_0}{R}\frac{\operatorname{sen}\theta}{1-\cos\theta}\operatorname{sen}\frac{\pi\ell}{\lambda}(1-\cos\theta) \qquad (13.5)$$

Esta expressão mostra que, para q = 0, o valor de E será nulo, isto é, o campo irradiado na própria direção do fio longo é nulo. Contudo, levantando-se o diagrama de irradiação, observa-se que há um forte efeito de unidirecionalidade no sentido da carga terminal, como indica a Fig. 13.2. E as direções dos máximos serão tanto mais próximas quanto maior for o comprimento do fio. Note-se também, que o número de lóbulos secundários aumenta com o comprimento também, como se ilustra na mesma Fig. 13.2, e θ_{Emax} é menor.

Figura 13.2
Variação do diagrama com L.

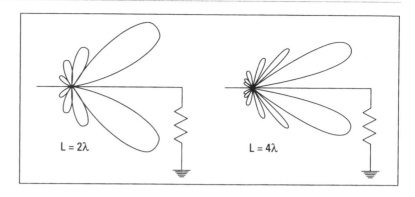

Suponha-se, entretanto, que se agrupem dois fios idênticos, como ilustra a Fig. 13.3, de sorte que os lóbulos principais de irradiação se encontram na mesma direção (dois deles) e os outros dois se oponham quase que totalmente. Observa-se, então, que, num par de lóbulos, vai haver soma de campos, dando um campo final mais forte na antena composta, evidentemente preservadas as condições de fases entre os campos em cada lóbulo original. Os dois outros lóbulos que se opõem serão anulados um pelo outro quase que completamente, e o diagrama de irradiação final conterá mais lóbulos secundários que qualquer dos originais, porém a diferença entre os lóbulos principais e o maior dos secundários é muito maior na antena composta que na simples. Observe-se que tais diagramas são de revolução (espaciais). Assim, a antena irradiará a energia num certo ângulo acima e abaixo (antena simples) ou apenas acima (antena composta) do fio.

Vejamos a Fig. 13.3 mais detalhadamente. O diagrama é uma figura de revolução em torno do fio e a_1 e a_2 são as interseções do diagrama com plano da folha de papel; segue-se que, num dado instante, os campos de a_1 e a_2 estão em oposição de fase no espaço, o que é fácil verificar, substituindo θ por $-\theta$ na equação geral do campo irradiado. Sendo dadas suas respectivas posições em relação ao fio, para que a_1 e b_2 estejam em fase, é preciso que os dois fios (antenas) sejam alimentados em oposição de fase, isto é, alimentação simétrica, e tem-se realizada uma antena V.

De um modo semelhante, constrói-se uma rômbica, cujos detalhes serão vistos adiante. Neste caso, combinam-se os lóbulos a_1, b_1, c_1 e d_1 em fase, se as duas metades do losango forem alimentadas simetricamente. A vantagem do losango reside, sobretudo, na sua construção, na sua excitação, que é simétrica no terminal AB. Ela deverá ser fechada sobre uma resistência que é a impedância característica da antena. Tais sistemas lineares longos têm a vantagem de não serem ressonantes, trabalhando numa faixa de passagem que, comumente, varia na proporção de 3 para 1.

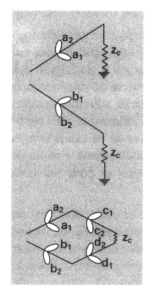

Figura 13.3
Antena V e rômbica.

O diagrama de uma antena rômbica pode ser calculado como sendo a soma dos diagramas de cada uma das antenas que lhe dão origem, e, para maior exatidão, deve-se considerar o efeito do solo, já que a antena terá um comprimento muitas vezes maior que a sua altura. Contudo, a teoria das imagens permite que se leve tal cálculo a bom termo, embora com um pouco de trabalho. Para o caso de uma antena rômbica feita com um fio perfeitamente condutor, sobre um solo plano que seja bom condutor, o valor relativo do campo E, no plano vertical, que coincide com o eixo maior da rômbica, pode ser dado por

$$E = \frac{(\cos\phi)\left[\operatorname{sen}\left(H_r\operatorname{sen}\alpha\right)\right]\left[\operatorname{sen}\left(\psi L_r\right)\right]^2}{\psi}$$

onde

α = ângulo de elevação do máximo do lóbulo em relação ao solo,

ϕ = ângulo formado pelo eixo menor e um dos lados da antena,

$H/\lambda = H_\lambda$ = altura da antena em termos de λ,

$L/\lambda = L_\lambda$ = comprimento da antena em termos de λ,

$L_r = 2\pi L_\lambda$,

$H_r = 2\pi H_\lambda$,

$\psi = (1 - \operatorname{sen}\phi\cos\alpha)/2$.

Neste caso, considerou-se uma corrente constante na antena, e desprezou-se algum acoplamento mútuo que pudesse existir.

No projeto de uma antena, principalmente ao ser levado a efeito em freqüência de HF, em que a comunicação é feita via ionosfera, é importante que se determine o valor do ângulo em que se verifica o máximo de irradiação. Como o comprimento, o ângulo de abertura da antena e a altura acima do solo influenciam mais poderosamente no projeto, é comum determinar tais parâmetros mediante compromisso. Assim deixa-se de considerar o ganho, que já é levado pela própria natureza da antena, e passa-se a fazer exigências de outras grandezas, como se pode ver pela tabela 13.1 (Kraus, op. cit. p. 411).

Os tipos de antenas, ou de projetos de antenas, descritos na tabela 13.1 são melhor entendidos com algumas definições. Assim o projeto que visa ao **alinhamento** é aquele que procura fazer com que o máximo do lóbulo principal coincida com uma desejada elevação. O cálculo que supõe uma distribuição praticamente uniforme de corrente possibilita determinar-se uma elevação tal que coincida com o máximo valor relativo de E. Contudo, pode haver o caso, e isto não é raro, em que as alturas para aqueles dois tipos de projetos são excessivas ou os comprimentos sejam dema-

Antenas longas

TABELA 13.1 FÓRMULAS PARA CÁLCULO USADAS EM ANTENA RÔMBICA TERMINADAS EM RESISTÊNCIAS

TIPO DE ANTENA RÔMBICA	FÓRMULAS
Máximo de campo ocorrendo no ângulo de elevação α	$H_\lambda = \dfrac{1}{4 \operatorname{sen} \alpha}$ $L_\lambda = \dfrac{0,5}{\operatorname{sen}^2\alpha}$ $\phi = 90° - \alpha$
Alinhamento do lóbulo principal com α	$H_\lambda = \dfrac{1}{4 \operatorname{sen} \alpha}$ $L_\lambda = \dfrac{0,371}{\operatorname{sen}^2\alpha}$ $\phi = 90° - \alpha$
Altura reduzida H'. Compromisso para alinhamento na elevação α	$\phi = 90° - \alpha$ $L_\lambda = \dfrac{\operatorname{tg}\left[\left(\dfrac{L_r}{2}\right)\operatorname{sen}^2\alpha\right]}{\operatorname{sen}\alpha}\left[\dfrac{1}{2\pi \operatorname{sen}\alpha} - \dfrac{H'_\lambda}{\operatorname{tg}(H'_r \operatorname{sen}\alpha)}\right]$ onde: $H'_\lambda = \dfrac{H'}{\lambda}$; $H'_r = 2\pi\dfrac{H'}{\lambda}$
Comprimento reduzido L'. Compromisso para alinhamento da elevação α	$H_\lambda = \dfrac{1}{4 \operatorname{sen}\alpha}$ $\phi = \operatorname{sen}^{-1}\left[\dfrac{L'_\lambda - 0,371}{L'_\lambda \cos\alpha}\right]$ $L'_\lambda = \dfrac{L'}{\lambda}$
Altura e comprimento reduzidos. Compromisso para alinhamento na elevação α	Resolver esta equação em ϕ $\dfrac{H'_\lambda}{\operatorname{sen}\phi \operatorname{tg}\alpha \operatorname{tg}(H'_r \operatorname{sen}\alpha)} = \dfrac{1}{4\pi\psi} - \dfrac{L'_\lambda}{\operatorname{tg}(\psi L'_r)}$ onde $\psi = \dfrac{1 - \operatorname{sen}\phi\cos\alpha}{2}$ e $L'_r = 2\pi\dfrac{L'}{\lambda}$

siados longos. Assim, surge a possibilidade de se projetar uma antena que atenda a determinadas especificações, guardando um certo compromisso com parâmetros que não poderão ser muito variados, como a altura ou o comprimento da antena.

Surgem daí os projetos de antena com altura reduzida, ou as duas coisas reunidas. Ressalte-se, mais uma vez, que não se fez questão do ganho, pois como será visto, esta grandeza varia pouco para as oscilações de valores que estamos considerando, além de, como se disse, pela própria estrutura da antena, já ser elevado, admitindo-se uma pequena redução em seu valor.

Finalmente, como qualquer outra rede, uma rede de rômbica terá sua característica diferente das antenas que lhe compõem e seus parâmetros principais, especialmente o ângulo de elevação, serão seriamente afetados. Atualmente há muitas rômbicas formando rede instalada em todo mundo, sendo que a rede de rômbicas mais importante é a conhecida **Musa System**, nos EUA, utilizada em ondas curtas, para comunicações transoceânicas de longa distância, para ondas polarizadas horizontalmente.

Na verdade, o fator mais importante na antena rômbica é o ângulo de elevação, pois, quando usada em recepção de comunicações a longa distância, em freqüências que utilizam a ionosfera, ele pode determinar o êxito ou o fracasso da antena. É sabido, por exemplo, que a ionosfera pode ir de 100 a 500 km de altura, e que a camada F vai de uns 200 a 500 km. Onde vai se dar o ponto de reflexão, isto é, a que altura? Ninguém sabe, a não ser que é variável com o tempo (hora, dia, mês e ano). Nestas comunicações, portanto, a determinação da antena só pode ser feita mediante certos dados provenientes de observações ionosféricas.

As antenas lineares longas devem ser determinadas por sua impedância característica, de modo a obter-se um regime de ondas progressivas. Desse modo, assegura-se a sua impedância de entrada, e esta será independente da freqüência e igual à impedância característica, que é sempre mal definida no caso dos fios, porque suas características (capacitância unitária, indutância unitária) variam constantemente ao longo de seu comprimento. É claro que, nas duas extremidades da rômbica, por exemplo, a capacitância unitária é muito mais elevada que na região vizinha da diagonal menor, pelo fato de os fios estarem próximos nestas regiões. Para que a impedância característica seja bem definida, é necessário que a relação L_1/C_1 seja constante (L_1 e C_1, valores unitários), para que basta manter-se C_1 constante, já que estas duas grandezas estão ligadas pela relação

$$L_1 \cdot C_1 = \frac{1}{v^2}$$

em que v é a velocidade da propagação no fio, suposta constante.

Como recurso para que se obtenha uma capacitância constante por unidade de comprimento, constrói-se cada um dos ramos da antena com dois ou três fios em paralelo, concorrendo nas extremidades da antena, separados no meio por uma certa distância h (Fig. 13.4). Mesmo assim, a compensação não é rigorosa, pois nem com três fios se consegue tal objetivo. Consegue-se fazer a regulagem, variando-se os afastamentos entre os fios nos vértices do eixo menor. Note-se que esta preocupação só se justifica na

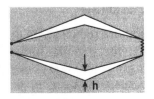

Figura 13.4

antena de transmissão. Na recepção, podemos nos contentar com fio único.

No caso de a antena ser fechada sobre sua impedância característica, a impedância de entrada será constante, qualquer que seja a freqüência, e será igual à impedância característica. Por conseguinte, para verificar a adaptação de uma tal antena, bastará medir a sua impedância de entrada em função da freqüência, que, no caso de adaptação perfeita, deverá ser uma reta. Está claro que, na prática, esta reta se esboça por trás de uma ondulação pequena, e quanto menores forem estas ondulações, tanto mais adaptada estará a antena. No caso da rômbica, convém lembrar que a regulagem da impedância é feita pela variação de h, havendo, contudo, a possibilidade de se variar a resistência de terminação, se se tratar de antena receptora, na qual não se usam ramos triplos ou duplos.

O conhecimento destas curvas de impedância contra freqüência tem uma acentuada importância, por permitir mostrar que, na gama de utilização, a variação é a menor possível.

Na recepção, deve-se prestar atenção, também, a este fato, para que se tenha um nível de entrada não só elevado, mas o mais constante possível.

Finalmente, deve-se assinalar que tais antenas devem ser suportadas por postes de madeira, pelo menos em sua parte terminal; pois os postes de ferro, mesmo que possuam isolação nas pontas, trazem pertubações.

2 Resistência terminal

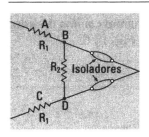

Figura 13.5

É sempre necessário que as antenas longas se fechem sobre sua impedância característica. Na recepção, costuma-se fazer a terminação como se ilustra na Fig. 13.5, na qual as resistências R_1 têm um valor fixo, que vai de 2 a 300 Ω. A resistência R_2 tem um valor variável para cada rômbica, e é aquela em que se faz a variação para adaptação perfeita. O conjunto total das três resistências oscila entre 800 e 850 Ω. Na recepção, como as potências postas em jogo são muito fracas, estas resistências são as mesmas que se usam nos circuitos comuns, não-indutivas. Apenas para protegê-las contra as intempéries, é usual colocá-las dentro de invólucros de porcelana. Note-se que a disposição da Fig. 13.5 é que se mostra mais favorável, por apresentar uma boa regularidade na curva impedância-freqüência. Assinala-se, afinal, que R_2 está "shuntada" pela capacitância entre as porções dos fios AB e CD.

No caso da transmissão, a resistência terminal é diferente. Com efeito, o rendimento do losango geralmente está entre 50 e 75%. É necessário, pois, que a resistência terminal dissipe uma parte da energia aplicada à antena, e não será de espantar se a resistência tiver que suportar alguns kilowatts. A realização de tais resistências é praticamente impossível, pois a exigência de elemento não-indutivo, nem capacitivo, mas resistivo puro, já exclui as que são feitas de fio bobinado, únicas que poderiam satisfazer à exigência de uma elevada potência.

Supera-se tal dificuldade, colocando, na extremidade da antena, uma linha que apresenta uma atenuação apreciável e, no final desta, coloca-se a resistência de terminação. Esta linha recebe o nome de linha de absorção e deve apresentar uma impedância característica de 600 Ω para as rômbicas de dois fios e 500 Ω para as de três fios, fechada sobre uma resistência do mesmo valor, também não-indutiva, agora com exigência de dissipação muito menor. A impedância desta linha é calculada pela fórmula clássica, já conhecida,

$$Z_0 = 277 \log \frac{2D}{d}$$

O fio utilizado na construção desta linha é sempre o de aço inoxidável, o que assegura uma atenuação de uns 15 a 20 dB, ou seja, reduz a potência a ser dissipada na resistência terminal de 30 a 100 vezes.

Fato importante a ser levado em conta é que esta terminação nova, por assim dizer, não deve introduzir nenhum ângulo de fase em toda a gama do trabalho da antena. Normalmente a linha de absorção é estendida em baixo do losango, segundo seu eixo maior, num comprimento que é uma ida e volta, mantida acima do solo, em pequenos postes, tal como se indica na Fig. 13.6.

Figura 13.6

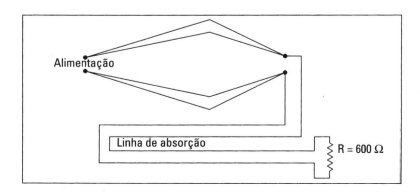

Antenas longas

3 Ganho das antenas lineares longas

Os cálculos que levam às expressões do ganho dos vários tipos dessas antenas são apenas aproximados, pois, como se disse antes, há uma variação das características na instalação, devido às proporções das antenas. Contudo, em certos projetos específicos, quando se têm em mãos todos os valores possíveis, o cálculo do ganho, por via teórica, fica mais próximo do real. Especialmente em rômbicas, isto é muito comum: constrói-se a antena com base em certos dados; depois, de correção em correção, vai-se chegando a uma expressão que tem fundamento teórico e que explica o valor encontrado na prática. A bibliografia fornecida permite que os interessados se ponham a par do assunto. Seguem-se algumas tabelas sobre os vários tipos de antenas lineares, das quais se pode levantar curvas que facilitam a visualização do problema.

3.1 Antenas lineares simples (um só fio)

No caso de não serem terminadas em Z_0, estas funcionam como se fossem antenas harmônicas e têm uma R_r variável com o comprimento.

COMPRIMENTO EM λ	RESISTÊNCIA DE IRRADIAÇÃO (OHM)	ÂNGULO DO MÁXIMO DE IRRADIAÇÃO (GRAUS)	GANHO EM POTÊNCIA (SOBRE O DIPOLO DE $\lambda/2$)
1	90	54	1,2 ou 0,8 dB
2	110	36	1,4 ou 1,5 dB
4	130	25	2,1 ou 3,2 dB
6	144	20	3,1 ou 4,4 dB
8	154	18	4,3 ou 6,3 dB
10	162	17	5,6 ou 7,5 dB
12	168	16	7,2 ou 8,6 dB

No caso de estas antenas serem terminadas pela impedância característica, o valor do ganho sofre uma pequena alteração, pois vai haver uma dissipação de potência na resistência terminal. Contudo, a propagação dos ganhos entre os comprimentos é aproximadamente a mesma. O ângulo de elevação do lóbulo principal não sofre alteração sensível. Nestas antenas, não se têm ajustes a fazer, a não ser no seu comprimento, visando diminuir valor do ângulo de elevação, aumentando o ganho, como conseqüência.

3.2 Antena tipo V

Aqui deve-se levar em conta que começam a aparecer parâmetros para a otimização do sistema irradiante. Assim, não só o comprimento, mas também o ângulo de abertura terá importância. Observe a tabela em que figuram os valores dos ganhos para os respectivos valores ótimos dos ângulos de abertura do V. Na última coluna indica-se o valor do ângulo de elevação.

Comprimento da antena (em λ)	Ganho em dB (s/dipolo $\lambda/2$)	Ângulo ótimo do vértice (graus)	Ângulo de elevação (graus)
1	2,1	90	31
2	2,9	70	27
3	3,8	58	23
4	5,0	50	20
6	8,0	40	16
8	11,9	35	14
10	17,8	33	13

A impedância destas antenas, sempre usadas com resistências de terminação, já foi vista como sendo da ordem de 600 Ω.

3.3 Antenas rômbicas

A curva da Fig. 13.7 dá o ganho em condições ideais. Na prática, devido à variedade dos parâmetros envolvidos, tanto pertencentes

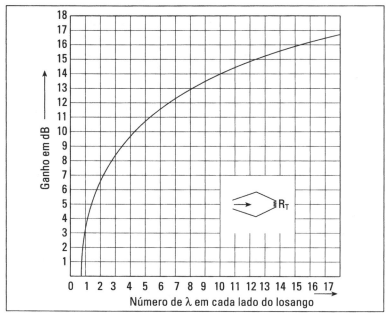

Figura 13.7
Ganho de uma antena rômbica terminada em R_T em relação ao dipolo de meia onda, em função da dimensão do lado.

Antenas longas

207

às antenas, como ligados ao tipo de propagação das ondas de rádio, são usadas várias tabelas, todas elas resultantes de observações muito bem feitas.

TABELA 13.2 GANHO

Comprimento do lado do losango (em λ)	Ganho sobre o dipolo λ/2 para valor ótimo do ângulo φ
1	2,5
2	5,4
3	8,3
4	11,2
6	17,0
8	22,4
10	28,2

A Tabela 13.2 visa dar uma idéia do valor da antena como irradiadora de energia, com ganho que pode ser comparável às melhores antenas construídas, mesmo em freqüências mais altas.

Na instalação de uma rômbica, há compromissos que devemos obedecer, sob pena de se tornar inexeqüível o projeto (refs. 11 e 12). Então, para se usar esta antena como transmissora em freqüências em que as ondas fazem da ionosfera seu meio de propagação, deve-se perguntar que camada vai ser atingida, se o ponto a ser objetivado pela propagação vai ser atingido com uma simples reflexão ou com uma reflexão ou com reflexão dupla. A tabela 13.3 dá uma idéia do ângulo de elevação geralmente necessário para atingir um ponto nas distâncias ali indicadas, medidas sobre a terra curva.

TABELA 13.3 ÂNGULO DE ELEVAÇÃO DO LÓBULO PRINCIPAL

Distância em km	Camada E Uma reflexão	Camada F Uma reflexão	Camada F Duas reflexões
400	25	—	—
800	13	—	—
1.200	7	24	—
1.600	4	24	—
2.400	—	9	25
3.200	—	4	17
4.000	—	—	12

A tabela 13.3 foi elaborada para certas características ionosféricas que eram válidas na ocasião em que foram colhidas.

Contudo, tem sido observado que as variações ionosféricas não afetam demasiadamente as exigências relativas ao ângulo de elevação, que será sempre menor do que 30°. Claro está que, para as variações anormais, nada do que se disse tem validade.

A tabela 13.4, para antenas rômbicas com ângulo de elevação de 10° ou mais, atende aos compromissos habituais. Aqui não se menciona ângulo menor que 10°, porque isto resultaria numa antena extremamente grande.

Tabela 13.4

Ângulo de Elevação (Graus)	Valor ótimo de ϕ	Ótimo comprimento do lado do losango (em λ)	Altura ótima acima do solo (em λ)
10	80	17,0	1,45
14	76	8,5	1,04
18	72	5,3	0,81
22	68	3,7	0,67
26	64	2,7	0,57
30	60	2,0	0,50

Pode ser, entretanto, que se deseje impor restrição ao comprimento do lado do losango, e, nesse caso, que se queira saber quais os valores dos demais parâmetros para que a antena apresente o desejado rendimento. Assim, se a rômbica tiver seu lado limitado a *dois comprimentos de onda*, a tabela 13.5 serve como orientação para sua construção otimizada.

Tabela 13.5

Ângulo de elevação	Ângulo ϕ	Altura (em λ)
5	52	3,00
10	52,5	1,45
15	54	1,00
20	55	0,75
25	57,5	0,60
30	60	0,50

Se o limite estabelecido é de *três comprimentos de onda* para o lado do losango, a tabela 13.5 se modifica um pouco para os valores a seguir.

Ângulo de elevação	Ângulo φ	Altura (em λ)
5	59	3,00
10	60	1,45
15	62	1,00
20	63,5	0,75
25	65	0,60

No caso de o comprimento do lado do losango ser estendido a *quatro comprimentos de onda*, a tabela se modifica mais um pouco:

Ângulo de elevação	Ângulo φ	Altura (em λ)
5	63,5	3,00
10	64,5	1,45
15	66,5	1,00
20	68,5	0,75

EXERCÍCIOS RESOLVIDOS

1. Calcule uma antena rômbica que apresente um ângulo de elevação de 17,5°, atendendo ainda às seguintes condições:

a) altura de instalação da antena de meio comprimento da onda;

b) cada lado do losango deve medir 3 comprimentos de onda.

Solução Basta encontrar a solução da última equação da tabela 13.1 para o ângulo φ da antena.

Com os valores

$$H'_\lambda = 1/2, \quad \alpha = 17,5° \quad e \quad L'_\lambda = 3$$

resulta, por solução gráfica,

$$\phi \cong 48,5°$$

Bibliografia

1. *Proc. IRE*, vol. 19, outubro, 1931, pp. 1773-1842.

2. *Proc. IRE*, vol. 20, junho, 1932, pp. 1004-1041.

3. The A. R. R. L. *Antenna Book* (dá cartas sobre projetos de antenas rômbicas e V).

4. Harper, A. E., *Rombic Antenna Design*. D. Van Nostrand, New York 1941.

5. *Proc. IRE*, vol. 19, agosto, 1931, pp. 1046-1433.

6. *Proc. IRE*, vol. 25, outubro, 1937, pp. 1327-1354.

7. *Proc. IRE*, vol. 23, janeiro, 1935, pp. 24-26.

8. *Proc. IRE*, vol. 25, julho, 1937, pp. 841-917.

9. *Transactions A. I. E.E*, vol. 42, pp. 215.

10. *Rombic Trasmiting Aerial Efficiency*, Wireless Engineer, vol. 13, maio, 1941.

11. Kraus, J. D., *Antenas*, McGraw-Hill, New York, 1950.

12. Thourel, L., *Les Antennes*, Dunod, Paris, 1971.

13. *Proc. IRE*, julho, 1963, p. 362 (Antenas V).

14 ANTENAS DE ABERTURA

1 Introdução

São consideradas antenas de abertura todas aquelas que, de alguma forma, envolvem uma área na qual existe uma distribuição superficial de corrente elétrica ou de campos eletromagnéticos. São exemplos típicos de antenas de abertura, entre outros, os refletores em geral e as cornetas.

Vamos inicialmente considerar as expressões que permitem calcular os campos por meio dos potenciais:[*]

$$\mathbf{E} = -jw\mu\mathbf{A} + \frac{1}{jw\varepsilon}\nabla\left(\nabla\cdot\mathbf{A}\right)$$

$$\mathbf{H} = \nabla\times\mathbf{A}$$

(14.1)

Como só nos interessa conhecer as intensidades dos campos na região distante, podemos proceder a algumas aproximações. Se se considerar a corrente dirigida segundo z, sabe-se que o potencial correspondente terá só a componente A_z e o campo elétrico distante, E_θ. O resultado é

$$E_\theta = \mathbf{E}\cdot\boldsymbol{\theta} = -jw\mu A_z\,\mathbf{z}\cdot\boldsymbol{\theta} + \frac{1}{jw\varepsilon}\nabla\left(\frac{\partial A_z}{\partial z}\right)\cdot\boldsymbol{\theta}$$

$$= jw\mu A_z\,\text{sen}\;\theta + \frac{1}{jw\varepsilon}\frac{1}{r}\frac{\partial^2 A_z}{\partial\theta\,\partial z}$$

---

[*] Neste capítulo são usados alguns operadores vetoriais para expressar as equações do eletromagnetismo. São eles grad $V = \nabla V$; div $\mathbf{V} = \nabla\cdot\mathbf{V}$ (produto escalar) e rot $\mathbf{V} = \nabla\times\mathbf{V}$ (produto vetorial), sendo o operador nabla $\nabla = \dfrac{\partial}{\partial_x}\mathbf{x} + \dfrac{\partial}{\partial_y}\mathbf{y} + \dfrac{\partial}{\partial_z}\mathbf{z}$

Vê-se, então, que o segundo termo varia com $1/r^2$, podendo, portanto, ser desprezado dentro do critério de campo distante, resultando assim

$$E_\theta \cong jw\mu A_z \, \text{sen} \, \theta \tag{14.2}$$

Esta aproximação vale, é claro, qualquer que seja a direção da corrente, caso em que escrevemos, de maneira geral,

$$\mathbf{E} \cong -jw\mu\mathbf{A}$$
$$\mathbf{H} = \nabla \times \mathbf{A} \tag{14.3}$$

Lembrando agora o conceito da dualidade e considerando a inclusão de correntes magnéticas nas equações de Maxwell, podemos definir um potencial elétrico F e escrever

$$\mathbf{E} = -\nabla \times \mathbf{F} \qquad \mathbf{H} \cong -jw\varepsilon\mathbf{F}$$
$$\mathbf{F} = \frac{1}{4\pi} \int \frac{\mathbf{J}_m e^{-j\beta R}}{R} dv \tag{14.4}$$

No caso geral em que coexistem correntes elétricas e magnéticas, as soluções individuais podem ser superpostas. Sendo E^e, H^e os campos devidos às correntes elétricas, e E^m, H^m os campos devidos às correntes magnéticas, os campos totais resultantes ficam

$$\mathbf{E} = \mathbf{E}^e + \mathbf{E}^m \qquad \mathbf{H} = \mathbf{H}^e + \mathbf{H}^m$$

sendo

$$\nabla \times \mathbf{H}^e = \mathbf{J} + jw\varepsilon\mathbf{E}^e$$
$$\nabla \times \mathbf{E}^e = -jw\mu\mathbf{H}^e$$
$$\nabla \times \mathbf{H} = jw\varepsilon\mathbf{E}^m$$
$$\nabla \times \mathbf{E}^m = -\mathbf{J}_m - jw\mu\mathbf{H}^m \tag{14.5}$$

Daí resulta

$$\mathbf{E} \cong -\nabla \times \mathbf{F} - jw\mu\mathbf{A}$$
$$\mathbf{H} \cong \nabla \times \mathbf{A} - jw\varepsilon\mathbf{F}$$

Sendo região distante, valem as relações

$$E^m = ZH^m \qquad E^e = ZH^e \qquad E = ZH$$

2 O princípio da equivalência

No item anterior foi apresentada uma formulação geral para o cálculo do campo irradiado por uma distribuição de correntes, e a solução foi particularizada para uma distribuição linear de corrente. Para outras geometrias, porém, a solução fica difícil, senão impossível, como é o caso da linha coaxial semi-infinita em aberto e do guia de onda em aberto.

A dificuldade nesses casos advém de se ter que considerar *todas* as correntes envolvidas (em toda a extensão do sistema), inclusive a corrente na antena de excitação, no caso do guia.

Em ambos os problemas, é evidente que deve haver uma maneira mais simples de resolvê-los, calculando-se o campo irradiado a partir de campos conhecidos ao longo das aberturas, ou seja, das superfícies de separação entre os meios interno e externo.

Muitas fontes externas a uma dada região podem produzir o mesmo campo dentro da referida região. Um exemplo típico é o da imagem de uma antena produzindo o mesmo campo que é provocado pelas correntes induzidas no plano refletor.

Do estudo das condições de contorno, sabe-se que a descontinuidade na componente tangencial de **H**, numa superfície de separação entre dois meios, é igual à densidade superficial de corrente elétrica na superfície:

$$\mathbf{n} \times (\mathbf{H}_2 - \mathbf{H}_1) = \mathbf{J}_s$$

sendo n a normal à superfície, dirigida para o meio 2.

Da mesma forma, e por dualidade, se for introduzida a corrente magnética $\mathbf{J}_m$, então a condição de contorno para a componente tangencial de **E** passa a ser

$$\mathbf{n} \times (\mathbf{E}_2 - \mathbf{E}_1) = -\mathbf{J}_{ms}$$

Duas fontes que produzem o mesmo campo numa determinada região do espaço são chamadas equivalentes. Para se calcular o valor do campo, não há necessidade de se conhecer as fontes reais, mas sim, qualquer fonte equivalente.

Imagine-se, então, um conjunto de fontes interno a uma superfície hipotética S (Fig. 14.1a). Para efeito de cálculo dos campos fora da superfície S, este problema pode ser transformado em outro com campos nulos dentro de S, desconsiderando-se as fontes

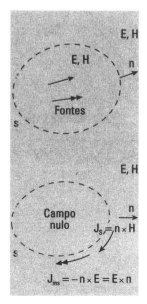

Figura 14.1
O princípio da equivalência

originais, que são substituídas por fontes equivalentes *sobre S*, de acordo com as condições de contorno (Fig. 14.1b), ou seja,

$$\mathbf{J}_s = \mathbf{n} \times \mathbf{H}$$
$$\mathbf{J}_{ms} = -\mathbf{n} \times \mathbf{E}$$
(14.6)

onde **E** e **H** são os campos, em *S*, produzidos pelas fontes originais.

3 Exemplo de aplicação: linha coaxial aberta

Consideremos para efeito deste exemplo, que, numa linha coaxial aberta de um lado e excitada do outro, os campos na superfície externa da linha somente são não nulos na face aberta, onde se sabe que **E** é radial e **H**, circunferencial.

Como se trata de um nó de corrente, a intensidade de campo magnético será muito menor que a de campo elétrico, podendo ser desprezada numa primeira aproximação. Em tais condições, o campo externo à linha (campo irradiado), será calculando a partir de uma folha de corrente magnética equivalente situada na face aberta, a cuja intensidade é dada pelas eqs. 14.6. Sendo *V* a diferença de potencial entre os condutores da linha na face aberta, escrevemos o campo radial correspondente (Fig. 14.2).

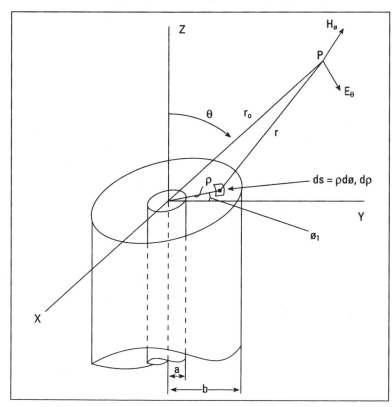

Figura 14.2
Linha coaxial aberta.

$$E_\rho = \frac{V}{\rho \ln\frac{b}{a}} \qquad (14.7)$$

A corrente superficial equivalente vale assim

$$\mathbf{J}_{ms} = -\boldsymbol{\phi}\frac{V}{\rho \ln\frac{b}{a}}$$

donde calculamos, de acordo com a eq. (14.4), o potencial elétrico

$$\mathbf{F} = \boldsymbol{\phi}\frac{1}{4\pi}\int_a^b \int_0^{2\pi} \frac{V e^{-j\beta R}}{R \ln\frac{b}{a}} d\phi' d\rho \qquad (14.8)$$

$$R \cong r - \rho \operatorname{sen}\theta \cos\phi'$$

Resolvendo a integral, resulta

$$F_\phi = -j\frac{\beta V(b^2 - a^2)\operatorname{sen}\theta\, e^{-j\beta r}}{8r \ln\frac{b}{a}}$$

A partir disto, calculamos diretamente os campos (eq. 14.4):

$$H_\phi = \frac{-\beta w \varepsilon V(b^2 - a^2)\operatorname{sen}\theta\, e^{-j\beta r}}{8r \ln\frac{b}{a}} \qquad E_\theta = Z H_\phi \qquad (14.9)$$

Nota-se de imediato que a face aberta no plano xy produz o mesmo diagrama de irradiação de um dipolo curto no eixo z.

4 Radiação de uma onda plana sobre abertura num anteparo absorvente

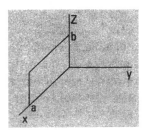

Figura 14.3

Seja uma onda plana propagando-se na direção y (Fig. 14.3), incidindo sobre um anteparo absorvente no plano xz. A onda plana é definida por

$$\mathbf{E} = -\mathbf{z}\, Z H_0 \qquad \mathbf{H} = -\mathbf{x}\, H_0$$

As correntes equivalentes resultam (das eqs. 14.6)

$$\mathbf{J}_{ms} = \mathbf{x}\, Z H_0 \qquad \mathbf{J}_s = \mathbf{z}\, H_0$$

Usando a eq. (14.4) com $R = r - z\cos\theta - x\cos\phi$, resulta

$$F_x = \frac{Z H_0 \, ab \, e^{j(\psi_1 + \psi_2)} \, e^{-j\beta r}}{4\pi r} \frac{\operatorname{sen} \, \psi_1}{\psi_1} \frac{\operatorname{sen} \, \psi_2}{\psi_2}$$

$$A_z = F_x / Z$$

$$\psi_1 = \frac{\beta a \, \cos\phi}{2} \qquad \psi_2 = \frac{\beta b \, \cos\theta}{2}$$

(14.10)

Usando agora a equação 14.5, vamos calcular o campo elétrico **E**. Em coordenadas esférica, temos

$$\nabla \times \mathbf{F} \cong \frac{1}{r}\left[\frac{\partial(rF_\theta)}{\partial r}\boldsymbol{\phi} - \frac{\partial(rF_\phi)}{\partial r}\boldsymbol{\theta} \right]$$

A componente F_r foi desprezada *a priori* por ser se tratar de região distante.

O resultado final fica então

$$\nabla \times \mathbf{F} = -j\beta F_x \left[\boldsymbol{\phi} \, \cos \, \phi \, \cos \, \theta + \boldsymbol{\theta} \, \operatorname{sen} \, \phi \right]$$

Como

$$jw\mu\mathbf{A} = -jw\mu \, \operatorname{sen} \, \theta \frac{F_x}{Z}\boldsymbol{\theta}$$

resulta

$$\mathbf{E} = j\beta F_x \left[\boldsymbol{\phi} \, \cos\phi \, \cos\theta + \boldsymbol{\theta}(\operatorname{sen} \, \phi + \operatorname{sen} \, \theta) \right] \quad (14.11a)$$

e, em conseqüência,

$$\mathbf{H} = \frac{j\beta F_x}{Z}\left[\boldsymbol{\phi} \, (\operatorname{sen} \, \phi + \operatorname{sen} \, \theta) - \boldsymbol{\theta} \, \cos\phi \, \cos\theta \right] \quad (14.11b)$$

Para um guia de onda retangular em aberto, o cálculo é inteiramente análogo a este, com a particularidade de ser senoidal e distribuição do campo elétrico ao longo da abertura.

5 Cornetas

Um guia de onda aberto irradia com baixa eficiência, em razão do descasamento criado com uma súbita mudança do meio de propagação (do guia para o exterior). Além disso, possui baixa diretividade, pois as dimensões de abertura são tipicamente menores que o comprimento de onda.

Tais problemas podem ser minimizados com o uso das cornetas, que proporcionam transição gradual entre os meios de

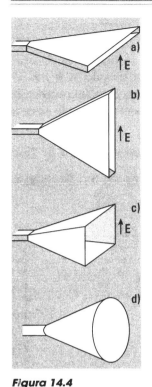

Figura 14.4
Cornetas eletromagnéticas:
a) setoral plano H;
b) setoral plano E;
c) piramidal;
d) cônica.

propagação, ao mesmo tempo em que provocam um aumento da superfície irradiante e, conseqüentemente, diretividade maior. A Fig. 14.4 mostra os principais tipos de cornetas.

O campo, em qualquer caso, é calculado pelas fontes equivalentes na abertura. Para cornetas pequenas (de pequena abertura, não muito diferente da abertura do guia) o campo na boca pode ser suposto igual ao interior do guia.

Para cornetas grandes, entretanto, de abertura muito maior que a do guia, são introduzidas correções de fase para o cálculo do campo.

As cornetas são irradiadoras direcionais, com ganhos típicos na faixa de 10 a 20 dBi.

5.1 Corneta setoral plano H

Esta corneta está ilustrada na Fig. 14.4a e é alimentada por um guia de onda retangular de dimensões internas **a** e **b**, sendo **a** a maior dimensão. A abertura vale **A** no plano H e mantém **b** no plano E.

Os campos eletromagnéticos na abertura, necessários para se determinar as características de irradiação da corneta, provêm do interior da guia de onda que alimenta a corneta e são dados por

$$E_y = E_0 \cos\frac{\pi x}{a} e^{-j\beta_g z}$$
$$H_x = -\frac{E_y}{Z_g} \qquad (14.12)$$

sendo b_g a constante de propagação no interior do guia e Z_g a impedância característica do guia. Como a distância do vértice da corneta até a abertura varia para cada ponto desta, é necessário neste caso considerar uma distribuição de fase na abertura.

Desta forma, os campos distantes irradiados podem ser calculados levando-se em conta a distribuição de fase e a distribuição de amplitude na abertura. No plano E ($\phi = 90°$ ou plano vertical da Fig. 14.4a), o campo normalizado vale

$$\frac{1+\cos\theta}{2} \frac{\mathrm{sen}\left[(\beta b / 2)\,\mathrm{sen}\,\theta\right]}{(\beta b / 2)\,\mathrm{sen}\,\theta}$$

O campo normalizado no plano H ($\phi = 0°$ ou plano horizontal da Fig. 14.4a) é determinado por um procedimento semelhante.

Os diagramas de irradiação normalizados correspondentes estão ilustrados na Fig. 14.5. Estas curvas são diagramas universais a partir dos quais podem ser determinados os diagramas de irradiação de uma corneta para valores específicos de A, b e λ. O fator $(1 + \cos \theta)/2$ que aparece nas expressões dos diagramas não está incluído na figura, podendo porém ser desprezado para a maioria dos casos.

As curvas são expressas em função do parâmetro de fase $t = \dfrac{\delta_{max}}{2\pi}$, sendo E_{max} o maior desvio de fase na abertura de corneta.

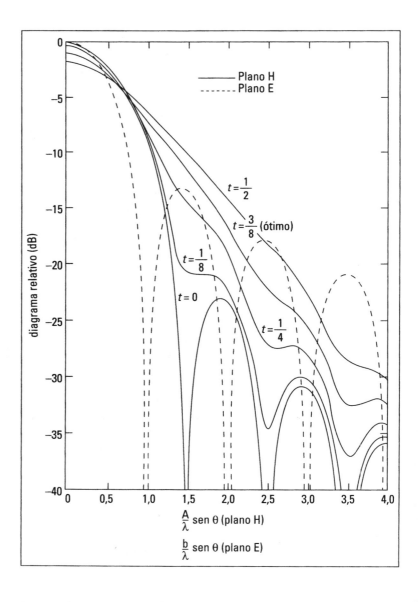

Figura 14.5
Diagramas de irradiação universais para os planos principais de uma corneta setoral H (cf. Stutzman, referência 13).

O valor ótimo $t = \frac{3}{8}$ corresponde à situação na qual a diretividade pára de aumentar com o aumento da dimensão da corneta.

O ângulo de meia potência no ponto de diretividade ótima vale aproximadamente $1,36 \frac{\lambda}{A}$ radianos.

A Fig. 14.6 mostra as curvas universais de diretividade.

5.2 Corneta setoral plano E

Esta corneta está ilustrada na Fig. 14.4b e é análoga ao caso anterior, porém com expansão da dimensão B.

Seguindo os mesmos passos do caso anterior, determinamos o campo normalizado no plano H ($\phi = 0°$):

$$\frac{1+\cos\theta}{2} \frac{\cos[(\beta a/2)\operatorname{sen}\theta]}{1-[(\beta a/\pi)\operatorname{sen}\theta]^2}$$

Os diagramas de irradiação correspondentes nos planos E e

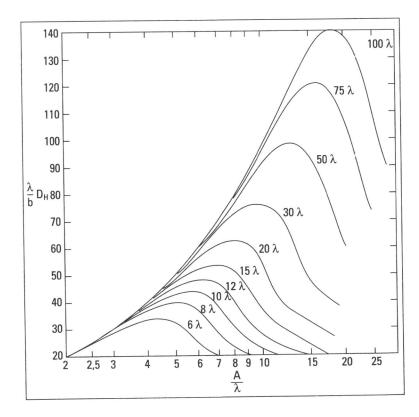

Figura 14.6
Curvas universais de diretividade para uma corneta setoral plano H. Para cornetas piramidais os valores no eixo vertical são (λ/B) D_H. Cada curva corresponde a uma determinada distância entre o início da transição e a forma da corneta, medida sobre o eixo do guia de onda (cf. Stutzman, referência 13).

Figura 14.7
Diagramas de irradiação universais para os planos principais de uma corneta setoral plano E (cf. Stutzman, referência 13).

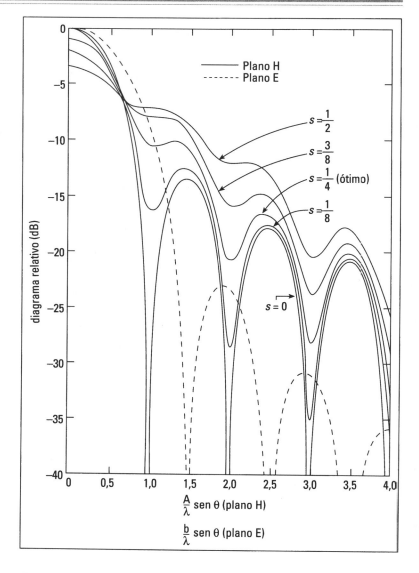

H estão ilustrados na Fig. 14.7. Da mesma forma que anteriormente, são diagramas universais expressos em função de parâmetro de fase s.

O ângulo de meia potência no ponto de diretividade ótima vale aproximadamente

$$0,94 \frac{\lambda}{B} \text{ radianos.}$$

A Fig. 14.8 mostra a curvas universais de diretividade.

Antenas de abertura

Figura 14.8
Curvas universais de diretividade para uma corneta setoral plano E. Para cornetas piramidais os valores no eixo vertical são $(\lambda/A)D_E$. Cada curva corresponde a uma determinada distância entre o início da transição e a boca da corneta, medida sobre o eixo do guia de onda (cf. Stutzman, referência 13).

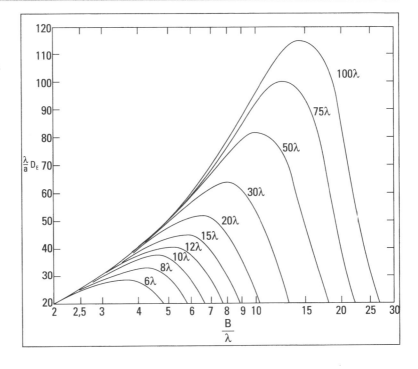

5.3 Corneta piramidal

Esta corneta está ilustrada na Fig. 14.4.c e é a mais popular das cornetas retangulares.

Os resultados anteriores obtidos para os outros modelos de corneta podem ser usados para a corneta piramidal. O diagrama no plano E da piramidal é igual ao diagrama de plano E da corneta setoral E, e o diagrama no plano H da piramidal é igual ao diagrama do plano H da corneta setoral H.

A diretividade da corneta piramidal é determinada simplesmente a partir de

$$D_p = \frac{\pi}{32}\left(\frac{\lambda}{A}D_E\right)\left(\frac{\lambda}{B}D_H\right) \qquad (14.13)$$

6 Aberturas circulares

Vários irradiadores usados na prática têm abertura circular, como, por exemplo, os refletores parabólicos e as cornetas cônicas. Em alguns casos, é possível fazer com que a distribuição do campo na

Figura 14.9

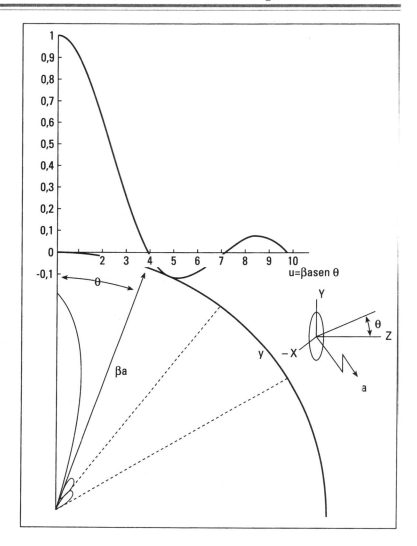

abertura seja uniforme e, nestas condições, o campo irradiado resulta (ref. Fig. 14.9)

$$E_\theta = \frac{j\beta a^2 E_0}{r} e^{-j\beta r} \frac{J_1(\beta \operatorname{sen} \theta)}{\beta a \operatorname{sen} \theta} \qquad (14.14)$$

sendo

$$J_1(x) = \frac{1}{x}\int x\, J_0(x)\, dx$$

função de Bessel ordem 1 e $J_0(x)$, função de Bessel ordem zero.

O campo normalizado ao longo de qualquer plano passando pelo centro e normal à abertura circular está mostrado na

Antenas de abertura

Figura 14.10
Diagrama de uma abertura circular uniforme de diâmetro 10λ.

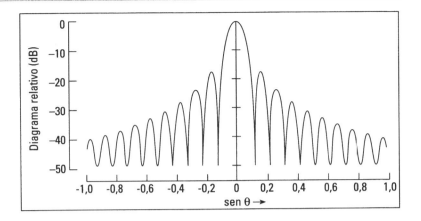

Fig. 14.10. Observa-se uma semelhança entre a função $2J_1(u)/u$ e a função sen $(u)/u$.

O ângulo de meia potência vale aproximadamente

$$1,02 \frac{\lambda}{2a} \text{ radianos}.$$

7 Aberturas circulares com variação gradual de amplitude

Muitas antenas de abertura circular podem ser aproximadas por uma abertura com distribuição de campo variando gradualmente do centro para a borda da abertura, além de serem radialmente simétricas. Nestes casos, o diagrama de irradiação pode ser expresso pela função

$$f(\theta) = 2\mu \int_0^a E_a(r')r' J_0(\beta r' \text{ sen } \theta) \, dr' \qquad (14.15)$$

sendo r' o vetor de posição sobre a abertura, e E_a o campo equivalente na abertura. Esta integral pode ser feita para vários tipos de variação gradual (*tapers*).

A tabela 14.1 mostra o resultado para uma variação gradual de campo na abertura chamada "parabólica sobre pedestal", que corresponde a uma iluminação diferente de zero na borda, mais próximo do caso real. O pedestal representa o fato do refletor interceptar a iluminação da fonte somente até a borda.

Tabela 14.1 **Características de distribuição gradual numa abertura circular**

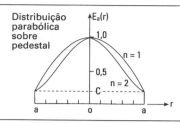

	N = 1			N = 2		
Iluminação na borda C(dB)	Ângulo de meia potência (rad)	Nível de lóbulo lateral (dB)	ε	Ângulo de meia potência (rad)	Nível de lóbulo lateral (dB)	ε
−8	$1,12\frac{\lambda}{2a}$	−21,5	0,942	$1,14\frac{\lambda}{2a}$	−24,7	0,918
−10	$1,14\frac{\lambda}{2a}$	−22,3	0,917	$1,17\frac{\lambda}{2a}$	−27,0	0,877
−12	$1,16\frac{\lambda}{2a}$	−22,9	0,893	$1,20\frac{\lambda}{2a}$	−29,5	0,834
−14	$1,17\frac{\lambda}{2a}$	−23,4	0,871	$1,23\frac{\lambda}{2a}$	−31,7	0,792
−16	$1,19\frac{\lambda}{2a}$	−23,8	0,850	$1,26\frac{\lambda}{2a}$	−33,5	0,754

8 Diretividade da abertura

A diretividade de uma abertura eletricamente grande e com distribuição de campos uniforme pode ser estimada sem dificuldade. Vamos proceder a este cálculo para o caso de abertura retangular, cujo resultado poderá ser aplicado a qualquer geometria, desde que plana e uniforme.

Considerando então abertura eletricamente grande, sabe-se que o diagrama de irradiação terá um lóbulo principal estreito, sendo dado, dentro dos ângulos de meia potência, por

$$E \cong \frac{\operatorname{sen}\psi_1}{\psi_1}\frac{\operatorname{sen}\psi_2}{\psi_2}$$

$$\psi_1 = \frac{\beta a\,\operatorname{sen}\theta\cos\phi}{2}$$

$$\psi_2 = \frac{\beta a\cos\theta}{2}$$

A diretividade será então,

$$D \cong \frac{4\pi}{I} \qquad I = \oint \left(\frac{\operatorname{sen} \psi_1}{\psi_1} \frac{\operatorname{sen} \psi_2}{\psi_2} \right)^2 d\Omega$$

Calculando a integral I:

$$I \cong \int_{\phi_1}^{\phi_2} \left(\frac{\operatorname{sen} \dfrac{\beta a \cos\phi}{2}}{\dfrac{\beta a \cos\phi}{2}} \right)^2 d\phi \int_{\theta_1}^{\theta_2} \left(\frac{\operatorname{sen} \dfrac{\beta a \cos\theta}{2}}{\dfrac{\beta a \cos\theta}{2}} \right)^2 d\theta$$

Sabe-se que

$$\int_{-\infty}^{\infty} \left(\frac{\operatorname{sen} x}{x} \right)^2 dx = \pi$$

As integrações acima não se estendem a limites infinitos, mas o comportamento das funções integrandas permite-nos afirmar que o resultado será aproximadamente o mesmo.

Fazendo as transformações

$$\alpha = \frac{\pi}{2} - \phi \quad \text{e} \quad \gamma = \frac{\pi}{2} - \theta,$$

resulta, para ϕ e θ próximos de $\dfrac{\pi}{2}$

$$\cos\phi = \operatorname{sen} \alpha \cong \alpha \qquad d\alpha = - d\phi$$
$$\cos\theta = \operatorname{sen} \gamma \cong \gamma \qquad d\gamma = - d\theta$$

$$I \cong \int_{\alpha_1}^{\alpha_2} \left(\frac{\operatorname{sen} \dfrac{\beta a \alpha}{2}}{\dfrac{\beta a \alpha}{2}} \right)^2 d\alpha \int_{\gamma_1}^{\gamma_2} \left(\frac{\operatorname{sen} \dfrac{\beta b \gamma}{2}}{\dfrac{\beta b \gamma}{2}} \right)^2 d\gamma$$

Então

$$I \cong \frac{2}{\beta a}\pi \cdot \frac{2}{\beta b}\pi = \frac{4\pi^2}{\beta ab}$$

donde

$$D \cong \frac{4\pi S}{\lambda^2}$$

sendo S a área da abertura.

9 Antenas com refletores

Os sistemas de antenas com refletores são os mais usados quando se necessita de alto ganho. Ao contrário dos níveis de ganho alcançados com outros tipos de antenas, as antenas com refletores permitem obter facilmente ganhos acima de 30 dB na região de microondas.

Consideraremos aqui alguns dos tipos mais importantes de antenas com refletores, com ênfase naqueles que têm abertura circular.

9.1 Refletor parabólico de ponto focal

O tipo mais simples de antena com refletor é constituído de duas partes; uma grande superfície refletora (em relação ao comprimento de onda) e uma antena alimentadora muito menor que o refletor. O melhor exemplo é o refletor parabólico mostrado na Fig. 14.11.a.

O refletor tem a forma de um paraboloide de revolução, e a intersecção com qualquer plano que contenha o eixo do refletor (eixo z) forma uma curva parabólica.

Figura 14.11
A antena com refletor parabólico a) refletor; b) seção transversal.

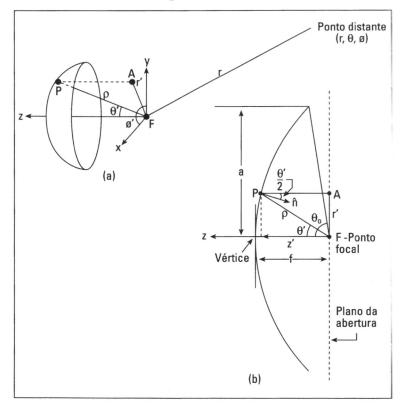

A equação que descreve a curva parabólica nas coordenadas usadas na Fig. 14.11b é:

$$r'^2 = 4f(f - z') \qquad r' \le a \tag{14.16}$$

Para um dado deslocamento r' a partir do eixo do refletor, o ponto P na superfície do refletor está a uma distância ρ do ponto focal F. Por exemplo, no vértice do refletor $r' = 0$ e $z' = f$, e na borda $r' = a$ e $z' = f - a^2/4f$. A curva parabólica pode também ser expressa em coordenadas polares como

$$\rho = \frac{2f}{1 + \cos\theta'} = f \sec^2 \frac{\theta'}{2} \tag{14.17}$$

ou

$$r' = \rho \operatorname{sen} \theta' = \frac{2f \operatorname{sen} \theta'}{1 + \cos\theta'} = 2f \operatorname{tg} \frac{\theta'}{2} \tag{14.18}$$

O refletor parabólico tem uma característica especial, na qual todos os trajetos do ponto focal ao refletor e até o plano da abertura são iguais, o que pode ser mostrado da forma seguinte:

$$\mathbf{FP} + \mathbf{PA} = \rho + \rho\cos\theta' = \rho(1 + \cos\theta') = 2f \tag{14.19}$$

Vamos supor que uma antena alimentadora (ou, mais simplesmente, um alimentador) é colocado no ponto focal. Para refletores grandes ($a \gg \lambda$), podem ser aplicados os princípios da óptica geométrica e desta forma a irradiação do alimentador analisada por traçado de raios, como na Fig. 14.12. Como todos os raios com origem no alimentador percorrem a mesma distância física até o plano da abertura, a excitação tem fase uniforme.

A distribuição de amplitude do campo no abertura depende, é claro, das propriedades de irradiação do alimentador. Vamos supor, inicialmente, que o alimentador seja uma antena isotrópica, para assim examinar o efeito do refletor somente.

A densidade de potência do sinal irradiado pelo alimentador decresce com $1/\rho^2$, pois a onda é esférica. Após a reflexão não há perda por espalhamento pois a onda aí é plana, e, portanto, a densidade de potência na abertura varia com $1/\rho^2$, e o campo com $1/\rho$. Assim, existe naturalmente uma variação gradual de amplitude no plano da abertura.

Se o alimentador não é isotrópico, o efeito do seu diagrama de irradiação normalizado $F_f(\theta',\phi')$, usando as coordenadas da Fig. 14.11, pode ser incluído como a seguir.

Figura 14.12
Seção transversal de antena com refletor parabólico de ponto focal.

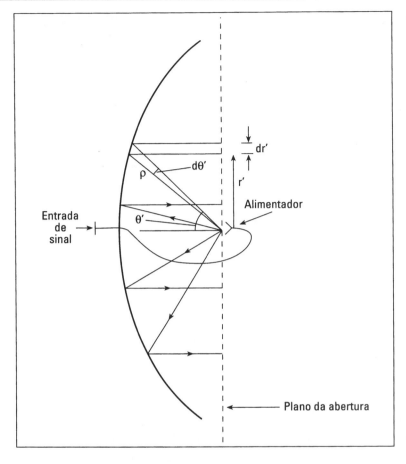

$$E_a(\theta',\phi') = E_0 \frac{F_f(\theta',\phi')}{\rho} \qquad (14.20)$$

Além disso, explicitando ρ a partir das equações (14.17) e (14.18) e substituindo na equação (14.20) acima, resulta o campo na abertura normalizado

$$E_{an} = F\left[\left(1+\left(\frac{r'}{2f}\right)^2\right)\right]^{-1} \qquad (14.21)$$

Vamos particularizar este campo para a coordenada da borda, onde $\theta' = \theta_0$ e $r' = a = \dfrac{d}{2}$

$$E_{an}(\theta_0) = C = F\left[1+\frac{1}{16}\left(\frac{d}{f}\right)^2\right]^{-1} \qquad (14.22)$$

Determinamos até aqui a amplitude e a fase do campo no plano da abertura, faltando, porém, determinar sua direção para caracterizar completamente este campo e então calcular o campo irradiado correspondente. Isto pode ser determinado de forma simples pelo uso da lei de reflexão de Snell e das condições de contorno do campo elétrico no refletor. A lei de Snell diz que os ângulos de incidência e de reflexão com uma tangente ao refletor no ponto de reflexão são iguais.

Tendo então caracterizado o campo no abertura, o campo irradiado pela antena com refletor pode ser calculado pelo princípio da equivalência e do uso das equações 14.14, de forma análoga ao que foi feito nos casos anteriores.

Uma alternativa muito usada e que simplifica a solução do problema é usar a aproximação parabólica quadrada sobre pedestal para o campo na abertura, caso um que o diagrama de irradiação da antena com refletor é o indicado na tabela 14.1.

Como última observação, cabe ainda observar que, ao se determinar a direção do campo na abertura, podemos concluir que nos planos principais (vertical e horizontal, de acordo com o referencial adotado) o campo é polarizado da mesma forma que o alimentador, mas em outros planos aparecem componentes ortogonais, ou seja, componentes de polarização cruzada. A Fig. 14.13 ilustra a orientação do campo elétrico na abertura, e vê-se que as maiores componentes de polarização cruzada introduzidas pelo refletor ocorrem ao longo dos planos a 45°.

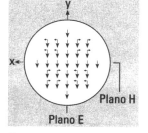

Figura 14.13
Distribuição de campo elétrico na abertura de um refletor parabólico para alimentador polarizado segundo y. O campo elétrico é decomposto nas suas componentes segundo x e y.

9.2 Sistemas Cassegrain

Outra disposição freqüentemente usada no refletor parabólico é o refletor Cassegrain, que está mostrado na Fig. 14.14. Consiste de uma corneta alimentadora, um sub-refletor e um refletor principal, com raios provenientes do alimentador sendo refletidos tanto no sub-refletor quanto no refletor. O sub-refletor é um hiperbolóide de revolução.

O sistema Cassegrain traz diversas vantagens sobre o refletor de ponto focal de tamanho semelhante. Em primeiro lugar, o alimentador fica junto ao vértice do refletor principal, facilitando o acesso e ajustes. Além disso, as característica de espalhamento do alimentador (Spillover) são melhores no refletor Cassegrain. Este fenômeno é resultado da parte de irradiação do alimentador não interceptada pelo refletor de ponto focal ou pelo sub-refletor do sistema Cassegrain. Para antenas receptoras, o Spillover contribui para recepção de ruído do ambiente. Em terminais terrestres de satélite o Spillover da Cassegrain é dirigido para a região

Figura 14.14
Antena Cassegrain.

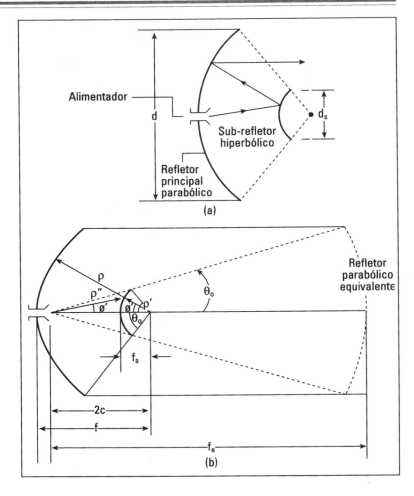

de baixo ruído do céu, enquanto para o refletor do ponto focal o Spillover é dirigido para o solo, que é muito mais ruidoso.

A antena Cassegrain é também capaz de produzir um nível menor de polarização cruzada.

Em contrapartida, o bloqueio do sub-refletor tende a ser maior do que o bloqueio da fonte primária.

9.3 Ganho de antenas com refletor

Já vimos como calcular a diretividade de uma abertura. Para se chegar ao valor do ganho de uma antena com refletor, temos de considerar a eficiência do conjunto. Bastará então, como se sabe, obter o ganho pelo produto dos dois valores:

$$G = \varepsilon D = \varepsilon \frac{4\pi S}{\lambda^2} \qquad (14.23)$$

Para antenas com refletor, a eficiência e é o resultado da conjugação de diversos fatores que podemos chamar de eficiências parciais:

$$\varepsilon = \varepsilon_1 \varepsilon_2 \ldots \varepsilon_n$$

Esta expressão está escrita sob forma geral, significando que a quantidade de eficiências parciais dependerá do tipo de antena e da precisão com que se deseja calcular a eficiência total ε.

Os principais fenômenos que costumam ser considerados nas eficiências parciais são os seguintes:

a) perdas ôhmicas no alimentador e no refletor, que são geralmente desprezíveis;

b) perda de ganho devido à variação gradual de iluminação da abertura em relação à iluminação uniforme;

c) perda por espalhamento, foi a iluminação do alimentador não cai a zero para fora da borda do refletor ou do sub-refletor, dependendo do caso. Isto está relacionado com o fenômeno anterior e existe um ponto ótimo de operação, conforme mostrado na Fig. 14.15, que ocorre próximo a –11dB de iluminação da borda.

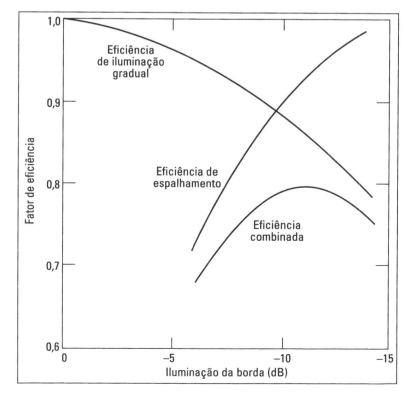

Figura 14.15
Eficiências de iluminação gradual e de espalhamento para um refletor parabólico em função da iluminação na borda (cf. Stutzman, referência 13).

d) perda de ganho devido à irregularidade aleatória na superfície (rugosidade) do refletor. Isto produz cancelamentos de campo na região distante devidos a erros de fase na superfície. A perda é normalmente expressa em função do valor médio rms do desvio do superfície da parabolóide, δ:

$$e^{-(4\pi\delta/\lambda)^2}$$

A tabela 14.2 mostra valores típicos encontrados na prática, que dependem basicamente do material do refletor e do processo de fabricação.

e) perda de ganho devido a estruturas situadas na frente da abertura, bloqueando parte da irradiação de refletor. Isto aparece normalmente a partir da presença do alimentador ou do sub-refletor, e às vezes de uma caixa metálica atrás do alimentador que abriga um módulo de processamento do sinal de *RF*. A tabela 14.3 mostra valores típicos para algumas situações de bloqueio, assim como efeitos de bloqueios por estais de sustentação do alimentador ou do sub-refletor.

Outros fenômenos menos freqüentes podem também contribuir para perda de ganho numa antena com refletor, tais como deslocamento do alimentador a partir do ponto focal, descontinuidade de refletor feito com tela ou grade, geração de polarização cruzada, e outros.

Exemplo
Consideremos um refletor com –10 dB de iluminação na borda, rugosidade *rms* de superfície 0,2 mm,

TABELA 14.2	**TOLERÂNCIAS TÍPICAS DE SUPERFÍCIE DE REFLETORES**
TIPO DE REFLETOR	**TOLERÂNCIA RMS δ' (MM)**
Alumínio repuxado - típico	0,64
Alumínio repuxado - melhor	0,15
Plástico metalizado	0,06
Alumínio usinado	0,04

Antenas de abertura

TABELA 14.3 **EFICIÊNCIAS DE BLOQUEIO PARA ANTENAS COM REFLETOR**

A) EFICIÊNCIA DE BLOQUEIO DA ABERTURA

d_f/d	0,05	0,10	0,20
ε_3	0,990	0,956	0,835

B) EFICIÊNCIA DE BLOQUEIO POR ESTAIS

N	d		
	10λ	*100λ*	*200λ*
3	0,946	0,995	0,999
4	0,935	0,994	0,998

d_f = diâmetro da estrutura de bloqueio.
d = diâmetro do refletor principal.
N = quantidade de estais com espessura λ/2.

Comprimento de onda 10,5 mm; diâmetro do alimentador 0,05 m; diâmetro do refletor 1,22 m; e 4 estais de sustentação. A eficiência da antena é calculada da seguinte forma:

$$\varepsilon_1\varepsilon_2 = 0,78 \quad \text{(iluminação e espalhamento combinados)}$$
$$\varepsilon_3 = 0,94 \quad \text{(rugosidade)}$$
$$\varepsilon_4 = 0,99 \quad \text{(bloqueio)}$$
$$\varepsilon_5 = 0,994 \quad \text{(estais)}$$
$$\varepsilon = \varepsilon_1\varepsilon_2\varepsilon_3\varepsilon_4\varepsilon_5 = 0,72$$

Neste caso, o ganho do sistema valerá

$$G = \varepsilon \frac{4\pi S}{\lambda^2} = 95,93 \quad \text{ou} \quad 49,8 \; dB$$

Valores típicos de eficiência para alimentadores de rendimento alto situam-se de maneira geral entre 0,65 e 0,70.

9.4 Outros tipos de antenas com refletores

As antenas com refletores começaram a ser usadas a partir dos primeiros experimentos de Hertz em 1988, com um refletor cilíndrico parabólico alimentado por um dipolo, mas tiveram um real desenvolvimento um pouco antes da Segunda Guerra Mundial, a partir de 1937, quando foi construído um refletor de diâmetro 9,1 m para radioastronomia.

Depois disso, começaram a surgir diversas modificações a partir dos tipos básicos, no sentido de aumentar as eficiências e de se conseguir diagramas de irradiação especiais.

Figura 14.16
Antenas com refletores:
a) parabolóide;
b) cilindro parabólico;
c) toróide parabólico;
d) refletor esférico;
e) refletor *off-set* com alimentação frontal.

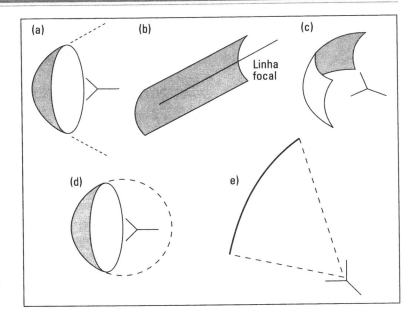

Conforme mostrado na Fig. 14.16, existem diversas variações dos refletores parabólicos. O cilindro parabólico é usado para produzir um feixe estreito no plano do eixo refletor. O toróide parabólico é uma versão curva do cilindro parabólico e pode ser usado para varredura de feixe com um alimentador rotativo ou para feixes múltiplos com um conjunto de alimentadores. O refletor esférico pode ser usado de forma semelhante para produzir um feixe estreito porque, ao contrário do refletor parabólico, a região focal é difusa. Isto permite o deslocamento do alimentador para varredura de feixe sem grandes perdas de ganho.

Outro tipo com grandes progressos tecnológicos é o refletor *off-set* (deslocado), no qual se consegue redução do bloqueio da abertura por deslocamento do alimentador e truncamento da superfície refletora.

Podem ser obtidas maiores flexibilidades com o uso de sistemas com múltiplos refletores, mostrados na Fig. 14.17, incluindo aí o sistema Cassegrain. Pode-se também conseguir maior controle do diagrama, alterando-se as formas básicas do refletor ou do sub-refletor.

A Fig. 14.17 mostra ainda uma versão do sub-refletor *off-set*. A antena periscópio da Fig. 14.17c tem sido muito usadas em enlaces de microondas, localizando-se a parábola perto do solo e o refletor plano na torre. Outro tipo híbrido também usado em enlaces de microondas é a antena corneta-refletora da Fig. 14.17d, que combina uma corneta cônica ou piramidal e um setor de

Antenas de abertura

Figura 14.17
Sistemas com refletores múltiplos:
a) refletor duplo simétrico;
b) refletor duplo *off-set*;
c) sistema periscópio;
d) antena corneta-refletor.

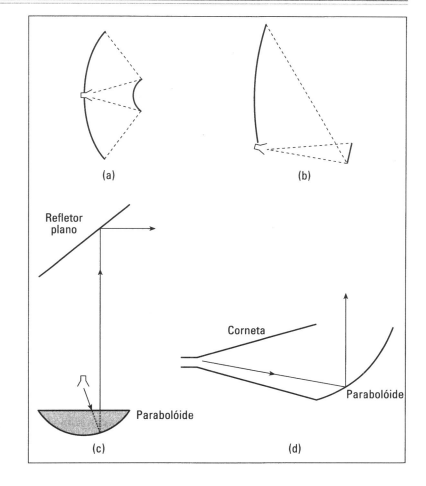

refletor parabólico, sendo excelente para aplicações de baixo ruído devido aos pequenos lóbulos traseiros e laterais que não se conseguem em refletores abertos.

EXERCÍCIOS RESOLVIDOS

1. Calcule o ângulo de meia potência de um refletor parabólico de ponto focal com as seguintes características:

   Freqüência   29 GHz
   Diâmetro   1,2 m
   Relação f/d 0,5

   O diagrama de irradiação do alimentador pode ser aproximado por uma parábola ao quadrado sobre pedestal e indica um nível relativo de −11 dB em direção à borda do refletor.

Solução Tomando a equação (14.22) em dB, resulta

$$C = 20\log F - 20\log\left[\left(1+\frac{1}{16}\left(\frac{d}{f}\right)^2\right)\right] = -11 - 20\log\left(1+\frac{1}{16}2^2\right) = -12,9 \; dB$$

Da tabela 14.1 com $n = 2$, resulta aproximadamente o ângulo de meia potência

$$1,21\frac{\lambda}{2a} = 1,21\times\frac{0,34\times10^{-3}}{1,21} = 0,34\times10^{-3}\,\text{rad} = 0,592°$$

2. Um refletor parabólico disponível no mercado e operando em 2 GHz tem um diâmetro de 1,8 m. Calcule seu ganho.

Solução Da equação (14.23) escrevemos

$$G \cong 0,7\frac{4\pi S}{\lambda^2} = 0,7\frac{4\pi\dfrac{\pi d^2}{\lambda}}{\lambda^2} = 994,85$$

ou $G \cong 30$ dBi

Bibliografia

1. Kraus, J. D., *Antenas*, McGraw-Hill, New York, 1950.
2. Schelkunoff, S. A. e Friis , H. T., *Antenas Theory and Practice*, J. Wiley, New York, 1952.
3. Thourel, L., *Les Antennes*, Dunod, Paris, 1971.
4. Silver, S. (editor)., *Microwave Antenna Theory and Desingn*, Dover, New York, 1965.
5. Rumsey, V. H., *Frequency Independent Antennas*, Academic Press, New York, 1966.
6. Wolff, E. A., *Antenna Analysis*, Jhn Wiley, New York, 1966.
7. Harrington, R. F., *Time-Harmonic Eletromagnetic Fields*, McGraw-Hill, New York, 1961.
8. Collin, R. E. e Zucker, F, J. (editores), *Antenna Theory*, McGraw-Hill, New York, 1969.
9. Weeks, W. L., *Antenna Engineering*, Tata McGraw-Hill, New Delhi, 1974.
10. Jasik, H. (editor), *Antenna Engineering Handbook*, McGraw-Hill, New Yok, 1961.
11. Ramo, S. e outros, *Fields and Waves in Comunication Electronics*, John Wiley, Tohyo, 1965.
12. Jordan, E.C. e Balmain, K.G., *Ondas Eletromagnéticas y Sistemas Radiantes*, 2ª ed., Prentice-Hall, Madrid, 1978.
13. Stutzman, W., Thiele, G., *Antenna Theory and Design*, John Wiley, 1981.
14. Perri, E. B., *Introdução à Teoria de Antenas*, Apostila, Escola de Engenharia Mauá, 1982.

GRÁFICA PAYM
Tel. (11) 4392-3344
paym@terra.com.br